Consciência e mecânica quântica:
uma abordagem filosófica

Raoni Arroyo

Consciência e mecânica quântica:
uma abordagem filosófica

Editora Livraria da Física
São Paulo – 2024

Copyright © 2024 Editora Livraria da Física
1a Edição

Editor: José Roberto Marinho
Projeto gráfico e diagramação em LaTeX: Raoni Arroyo
Capa: Maju Capelato

Texto em conformidade com as novas regras ortográficas do Acordo da Língua Portuguesa.

```
        Dados Internacionais da Catalogação na Publicação (CIP)
                  Câmara Brasileira do Livro, SP, Brasil

    Arroyo, Raoni
        Consciência e mecânica quântica : uma abordagem
    filosófica / Raoni Arroyo. -- São Paulo : LF
    Editorial, 2024.

        Bibliografia
        ISBN: 978-65-5563-430-3

        1. Física - Filosofia. 2. Física quântica. 3.
    Filosofia. 4. Mecânica quântica. 5. Metafísica. I.
    Título.

    24-195717                                      CDD-530.01

                    Índices para catálogo sistemático:

                    1. Física : Filosofia     530.01

        Eliane de Freitas Leite -- Blibliotecária -- CRB 8/8415
```

Todos os direitos reservados. Nenhuma parte deste obra poderá ser reproduzida sejam quais forem os meios empregados sem a permissão da Editora. Aos infratores aplicam-se as sanções previstas nos artigos 102, 104, 106 e 107 da Lei n. 9.610, de 19 de fevereiro de 1988.

Impresso no Brasil
Printed in Brazil

Editora Livraria da física
Tel./Fax: +55 11 3459-4327
www.livrariadafisica.com.br

Sobre o autor

Raoni Wohnrath Arroyo é pesquisador visitante na *Università degli Studi Roma Tre*, Roma, Itália, pesquisador pós-doutoral no Centro de Lógica, Epistemologia e História da Ciência da Universidade de Campinas, Campinas, Brasil. É bolsista da Fundação de Amparo à Pesquisa do Estado de São Paulo (FAPESP) e membro do Grupo de Pesquisa em Lógica e Fundamentos da Ciência (CNPq). Trabalha com os aspectos metodológicos e epistemológicos da metafísica da mecânica quântica e sua relação com o realismo científico, com metametafísica, e faz músicas barulhentas nas horas vagas.

Prefácio

Este livro de Raoni Arroyo é um ótimo ponto de partida para explorar questões de filosofia da física quântica. O autor apresenta didaticamente alguns dos temas principais desta área, como o problema da medição, o princípio de indeterminação, a noção de complementaridade, o argumento de EPR e as diversas interpretações da teoria. E explora um tema que costuma ser evitado nos livros de fundamentos da mecânica quântica, que é o papel da consciência na constituição do mundo quântico. Sem defender uma postura específica, explora pontos fortes e fracos das concepções subjetivistas de John von Neumann, Fritz London & Edmond Bauer, Erwin Schrödinger, Eugene Wigner, Ludwig Bass, Amit Goswami e Henry Stapp. Investiga também a filosofia de processos de Alfred Whitehead, aplicada especialmente à consciência, que Raoni considera um promissor caminho de aprofundamento para a filosofia da mecânica quântica. No final, apresenta uma introdução bastante didática ao formalismo da teoria quântica.

Ao abordar os problemas dos fundamentos da mecânica quântica, a perspectiva do autor é essencialmente filosófica, explorando questões ontológicas e metafísicas associadas ao conceito de "medição", que considera o nó central a ser desatado. Salienta que a interpretação da consciência não deve ser descartada. Em outras palavras, na entrada do baile das interpretações da teoria quântica, se uma interpretação da consciência como a de London & Bauer apresentar suas credenciais para o porteiro, ela terá direito de entrar, pois não viola nenhum experimento já realizado. Por outro lado, é barrada do baile uma interpretação como a de Jahn & Dunne e de

Radin, segundo a qual a vontade humana, por si só, pode alterar de maneira significativa a estatística de resultados de um experimento quântico. A pluralidade de concepções no baile indica a "subdeterminação" das interpretações do formalismo mínimo da teoria quântica: talvez uma delas seja mais próxima da verdade, mas não temos como saber qual delas o é.

Com sua exploração da filosofia da física quântica e do papel da consciência humana nas medições quânticas, o autor conclui que profissionais da filosofia têm um bom motivo para atentar-se aos problemas da mecânica quântica. Isso se estende também para físicos, educadores e outros interessados. A obra de Raoni Arroyo é uma contribuição importante para esta área em expansão no Brasil que é a filosofia da física.

Osvaldo Pessoa Jr.
Departamento de Filosofia
Faculdade de Filosofia, Letras e Ciências Humanas (FFLCH)
Universidade de São Paulo (USP)

Apresentação

Este livro de introdução à filosofia da mecânica quântica fornece uma base conceitual para os problemas centrais da mecânica quântica,[1] delineando o papel da filosofia na discussão e aspectos históricos das soluções já propostas. Tento suprir uma deficiência de materiais em português sobre o tema, pois se trata de uma discussão de ponta na contemporaneidade e com escasso material em nossa língua.[2] Esse é um motivo pelo qual traduzi livremente todas as citações para o português —exceto quando utilizei traduções já publicadas.

Meu maior enfoque é sobre uma interpretação particular da mecânica quântica, que chamo de "interpretação da consciência" e a divido em outras duas: a interpretação da consciência *causal* e a interpretação da consciência *mística*. Ainda que seja uma interpretação mal-aceita pela comunidade científica, o debate filosófico ao redor dela coloca em evidência grandes problemas dos fundamentos da mecânica quântica.

Divido o livro em seis capítulos. No primeiro capítulo, parto do ponto de vista da interpretação ortodoxa da mecânica quântica. Ainda que existam vários modos de formulá-la, sempre que utilizar a nomenclatura *mecânica quântica* neste livro, tenho em mente os pontos em comum entre os autores Bohr e Heisenberg, comumente referida como *interpretação de Copenhague*.

Nesse capítulo, procuro delinear definições precisas para os conceitos

---

[1] Trato apenas do caso não-relativístico.
[2] Pessoa Jr. (2016) reúne uma excelente lista de materiais disponíveis em português, tanto traduções quanto originais.

envolvidos nos fundamentos dessa interpretação, enfatizando o papel central da noção de medição, bem como alguns aspectos gerais de seus problemas filosóficos internos, a fim de prosseguirmos com o debate mais geral nos capítulos seguintes. Exponho separadamente as formulações de Heisenberg e Bohr, considerados os principais autores da interpretação ortodoxa e, em seguida, confronto os pontos de vista de ambos os autores, a fim de apresentar com maior precisão o posicionamento ontológico de cada um frente à noção de medição.

No segundo capítulo, enfatizo como a problemática em torno da medição se insere no debate filosófico, especificamente numa discussão ontológica. Para tanto, busco definições para o termo ontologia, que são utilizadas ao longo deste livro. Em seguida, analiso as críticas de Einstein à posição ortodoxa e o debate entre Einstein e Bohr, enfatizando o comprometimento ontológico dos autores no que tange à noção de medição. Com isso, poderei descrever com precisão ainda maior o ponto de vista de cada autor frente à interpretação da teoria quântica, bem como entender como o problema da medição se insere no debate filosófico.

No terceiro capítulo, exploro algumas diferenças no conceito de medição entre a física clássica e a teoria quântica. Procuro expor a teoria da medição von Neumann, de modo a delinear de forma clara o *problema da medição*. Enfatizo as interpretações lógicas e ontológicas de sua solução para o problema da medição, que marca a introdução do conceito dualista de consciência na medição quântica, explicitando de que modo a noção de consciência se insere na discussão filosófica como um problema ontológico. Em seguida, analiso brevemente algumas das propostas pouco abordadas na literatura especializada, que deram continuidade e extensão ontológica à formulação de von Neumann, como a formulação de Ludwig Bass e proposta de Amit Goswami, que utilizaram uma formulação monista para a noção de consciência.

No quarto capítulo, analiso brevemente algumas propostas alternativas e críticas em relação às formulações tanto de von Neumann quanto de Bohr (que representam, como veremos, a maneira padrão de interpretar a me-

X

cânica quântica). As propostas alternativas são analisadas de maneira bastante breve, e apenas a título de amostragem. Isso é feito para ilustrar a pluralidade de interpretações à noção de medição.

No quinto capítulo, destaco a possibilidade de investigar a metafísica da interpretação da consciência causal a partir de um novo horizonte —a saber, sob a perspectiva processual de Alfred North Whitehead. Isso é feito como uma espécie de continuidade de um projeto iniciado há alguns anos por outras pessoas que consideram que a ontologia whiteheadiana é apropriada para entender conceitos de interpretação da mecânica quântica (entre elas, o próprio Whitehead). No entanto, o projeto de interpretar a interpretação da consciência causal por um viés whiteheadiano é um projeto inacabado na história da filosofia da mecânica quântica. Por exemplo, Shimon Malin desenvolve uma concepção de *colapso* inspirada na metafísica dos processos de Whitehead, mas não aborda a questão da consciência. Henry Stapp usa a metafísica whiteheadiana para a compreensão da consciência em relação à mecânica quântica, mas o faz pressupondo o surgimento daquilo que chama de "cérebro quântico" —o que também acaba por descaracterizar a proposta de von Neumann.

A metafísica de Whitehead admitidamente evita os problemas do dualismo e, como Anderson Weekes aponta, oferece uma visão monista inovadora do problema filosófico clássico da relação mente-corpo (além do monismo reducionista, como a metafísica materialista ou idealista). Investigo, então, uma proposta do desenvolvimento de uma metafísica para o conceito de consciência, inspirada na filosofia de Whitehead, que poderia ser considerada uma leitura mais frutífera para o problema ontológico da consciência na mecânica quântica. Esse capítulo tem um tom mais autoral e menos expositivo do que os demais. Nele, trago minhas próprias ideias para o debate.

Por fim, apresento no sexto capítulo algumas notas introdutórias para o formalismo da mecânica quântica que é utilizado tacitamente ao longo de todo o livro, a fim de especificar melhor as questões que percorrem o debate feito aqui.

Muitos mal-entendidos foram cometidos devido à escassez de discus-

XI

sões acerca da interpretação da consciência. Desde sua utilização para fins litigiosos e não-científicos, até a sua invisibilidade por parte de uma comunidade que não se preocupou em debatê-la seriamente nos fundamentos da física —e plausivelmente essas duas coisas estão intimamente relacionadas.

Escrevo este livro na esperança de que tais lacunas sejam preenchidas.

Raoni W. Arroyo
Roma, 2024

Agradecimentos

A finalização deste livro tornou-se possível devido às diversas contribuições recebidas (ainda que isso não signifique que o presente material seja *endossado* por elas), pelas quais expresso meus sinceros agradecimentos a seguir.

- À Maju Capelato pela arte da capa.

- À Caroline Murr, ao Décio Krause, ao Helcio Felippe Jr., ao Jonas Arenhart, e ao Osvaldo Pessoa Jr. pela cuidadosa leitura e comentários feitos a uma versão anterior do texto. Em especial, agradeço ao Jonas por ter utilizado uma versão anterior deste material na disciplina de Filosofia da Física de 2022, do Departamento de Filosofia da Universidade Federal de Santa Catarina, bem como à turma dessa disciplina pela leitura do material. Agradeço também ao Osvaldo pela gentileza de ter escrito o Prefácio deste livro.

- À "Margem 2 Revisões" pela revisão textual (gramatical e ortográfica) do manuscrito.

- À turma de Tópicos Especiais em Filosofia da Ciência: Introdução à filosofia da mecânica quântica de 2022, do Centro de Lógica, Epistemologia e História da Ciência da Universidade Estadual de Campinas pela oportunidade de testar em sala de aula parte das ideias contidas neste livro. Em especial: Alan Antezana, Felipe Abrahão, Gabriel

Eugênio, Gabriel Maruchi, Gustavo Serra, Heitor Moreno, Itala D'Ottaviano, Renato Valvassori e Sofia Meirelles.

- Às equipes do Grupo de Pesquisa em Lógica e Fundamentos da Ciências (CNPq) e do *International Network on Foundations of Quantum Mechanics and Quantum Information* pelas intrigantes conversas sobre filosofia da mecânica quântica.

- Ao Gilson Olegario da Silva pelo auxílio com o código LaTeX.

- Ao José Roberto Marinho pelo diligente trabalho editorial.

- Aos meus coautores, Frederik Moreira dos Santos, Lauro de Matos Nunes Filho e William Davidans Sversutti, por permitirem que eu reutilizasse neste livro parte do material que escrevi em nossos artigos.

- Ao apoio dos processos nº 2021/11381-1 e 2022/15992-8, Fundação de Amparo à Pesquisa do Estado de São Paulo (FAPESP).

Sumário

Introdução: Um problema filosófico na física   **19**

1 Questões de fundamento   **25**

  1.1 O princípio da indeterminação 27

  1.2 A complementaridade 40

  1.3 Uma interpretação fragmentada 57

2 Visões de mundo em conflito   **65**

  2.1 As ontologias da ciência e a ontologia do mundo 68

  2.2 A realidade da mecânica quântica 71

  2.3 Realidade, separabilidade e indeterminação 81

      2.3.1 Realidade 81

      2.3.2 Separabilidade 83

      2.3.3 Indeterminação 94

3 A consciência colapsa   **105**

  3.1 Medição: clássica e quântica 106

  3.2 O problema da medição 109

  3.3 A interpretação da consciência causal 113

      3.3.1 O problema ontológico 132

      3.3.2 O problema metafísico 133

      3.3.3 O problema místico 135

  3.4 Interpretando a interpretação da consciência 149

4 A paisagem ao redor   **155**

CONSCIÊNCIA E MECÂNICA QUÂNTICA

4.1 A interpretação estatística 158

4.2 A interpretação das variáveis ocultas 161

4.3 A interpretação dos estados latentes 165

4.4 A interpretação dos estados relativos 167

4.5 A interpretação do colapso espontâneo 177

4.6 Uma escolha filosófica 180

5 NOVOS HORIZONTES   **183**

5.1 Antiga abordagem: consciência como substância 185

5.2 Novas direções: consciência como processo 188

6 QUESTÕES DE FORMALISMO   **203**

6.1 A interpretação mínima 206

    6.1.1 A Equação de Schrödinger 209

    6.1.2 O colapso 211

REFERÊNCIAS BIBLIOGRÁFICAS   **215**

ÍNDICE REMISSIVO   **247**

Lista de Figuras

2.1 $\text{PRED}_{\text{MQ}}1$ com fótons absorvidos 98

2.2 $\text{PRED}_{\text{MQ}}1$ com fótons passando 98

2.3 $\text{PRED}_{\text{MQ}}2$ com resultado em desacordo (25%) 98

2.4 $\text{PRED}_{\text{MQ}}3$ com resultado em desacordo (75%) 99

3.1 Esquema gráfico do experimento da fenda dupla. 111

4.1 A estrutura da ramificação de Martha. 172

Consciência e Mecânica Quântica

Introdução: Um problema filosófico na física

E xistem várias formas de enunciar o que é a mecânica quântica.[3] Se este fosse um livro de história da física, eu começaria introduzindo o advento da mecânica quântica através da teorização de Max Planck, em 1900, sobre a radiação de corpo negro. No entanto, como é um livro de filosofia, escolhi situar o debate através do contraste entre as concepções filosóficas das físicas clássica e quântica. Para tanto, aponto muito brevemente três teses principais, tácita ou implicitamente assumidas por aquilo que se conhece como física clássica:

1. *Previsibilidade e determinismo causal*: todo evento é necessitado por eventos anteriores, então podemos: (i) conhecer todas as condições iniciais dos sistemas físicos, e, a partir delas, (ii) prever com certeza o seu comportamento futuro a partir de uma cadeia causal.

2. *Separabilidade*: objetos físicos existem separadamente e independentemente uns dos outros; deste modo, caso estejam espacialmente separados, o que quer que aconteça com um não pode ter efeitos imediatos sobre o outro.

---

[3] A ilustração contida na parte superior da página 210 da obra "*Oculus Artificialis Teledioptricus Sive Telescopium*", de Zahn (1702) é, a meu ver, uma boa forma de visualizar a questão. Nela, um dragão que voa no céu é percebido por diferentes pontos de vista. Assim como o dragão na ilustração, a mecânica quântica pode ser —por assim dizer— *vista* de diversas maneiras.

3. *Realismo objetivista*: objetos físicos na realidade externa existem com propriedades bem definidas em todos os momentos, e isso independe de qualquer interação com seres humanos.

Como procurarei expor ao longo deste livro, a mecânica quântica —ou melhor, a maneira tradicional sobre como pensar no que a mecânica quântica nos diz sobre a realidade— nos força a rejeitar tais teses. É importante deixar claro logo no início que o termo *mecânica quântica*, conforme empregado neste livro, refere-se à mecânica quântica *usual* (ou *padrão*), conforme estudada nos cursos de física ao redor do mundo (ver Arroyo e da Silva, 2022a; Griffiths, 1995; Hughes, 1989). O conceito de *medição* ocupa um papel central na discussão acerca da interpretação da mecânica quântica, estando presente desde os primeiros debates ontológicos da teoria conduzidos, mesmo que indiretamente, pelos físicos Niels Bohr e Werner Heisenberg. É um dos maiores problemas filosóficos para a questão interpretativa da mecânica quântica, dando à mecânica quântica diversas interpretações nas quais uma ontologia própria parece estar relacionada a cada uma delas.

Na física clássica, a medição é um aspecto que pode nos parecer intuitivamente simples e relativamente pouco problemático —como o ato de medir o peso de um corpo maciço tal como uma bola de bilhar. Já na mecânica quântica, a medição não é um conceito consensual, havendo diversas posições filosóficas conflitantes sobre seu modo de operação, de modo que questões como "a medição *cria* ou *revela* o valor observado?" permeiam o debate filosófico sobre conceito de medição.

Argumentarei, ao longo deste livro, contrário à prática usual, que *todas* as características problemáticas dos fundamentos da mecânica quântica se relacionam com a noção de medição. A prática usual é considerar a medição como *um* problema fundacional dentre muitos outros, tais como determinismo, localidade, ontologia, etc. No entanto, argumentarei em cada capítulo que esses problemas são subsidiários e dependentes da noção de *medição*. Assim, me alinho com Gibbins (1987), para quem o problema da medição é *o* problema central da mecânica quântica. Dessa forma, considero que problemas fundamentais da microfísica, tais como incerteza, complementa-

Introdução

ridade, localidade, contextualidade e inflação ontológica, são consequências da interpretação do problema da medição e, portanto, consequências da interpretação da mecânica quântica. Também fica implícito que endosso a tese de Friederich (2014), segundo a qual uma interpretação da mecânica quântica se caracteriza fundamentalmente pelo fornecimento de uma solução ao problema da medição —ainda que esse assunto seja debatido somente de passagem ao final do capítulo 3.

Trago um debate essencialmente filosófico, na medida em que trato do debate acerca da natureza das entidades e processos que regem uma das teorias físicas com maior sucesso empírico da história da ciência moderna. Neste livro, busco destacar alguns dos aspectos filosóficos centrais no debate em torno do que se conhece como problema da medição quântica. Procuro, especificamente, discutir sobre a introdução do conceito de consciência, dentro do debate da medição, como um problema essencialmente ontológico. É importante esclarecer que, ao invés de defender uma ou outra posição, procuro mostrar que existe um campo para a discussão filosófica na interpretação da mecânica quântica e, como a discussão filosófica se dá por problemas, buscarei explicitar os aspectos problemáticos em torno da interpretação do conceito de medição. A estrutura do livro é a seguinte.

No primeiro capítulo, inicio a discussão por diretrizes dadas pela história da filosofia da física, isto é, pela gênese do problema que seu deu a partir das formulações de Bohr Heisenberg sobre o ato de medir. Nesse capítulo, sustentarei a seguinte tese: as noções de *incerteza* e *complementaridade*, fundamentais para aquilo que se conhece como a *interpretação ortodoxa* da mecânica quântica, são moldadas no final da década de 1920 por questões embrionárias ao *problema da medição*, cuja formalização aparecerá somente anos mais tarde.

No segundo capítulo, trato do famoso debate entre Bohr e Einstein, enfatizando a relação do debate com concepções filosóficas conflitantes acerca da realidade —e do papel da medição na mecânica quântica. Nesse capítulo, forneço mais elementos para endossar a tese geral deste livro: os problemas nos fundamentos da mecânica quântica são problemas filosóficos, quase a sua totalidade —todos que aqui serão discutidos— relacionados à noção de medição.

O terceiro capítulo é central no livro. É nele que o problema da medição aparece explicitamente, ainda que eu tenha deliberadamente filtrado questões relativas ao formalismo da mecânica quântica, e tratado diretamente com as questões conceituais que envolvem o problema. Trato especificamente de uma interpretação da mecânica quântica, que é extremamente mal vista pela comunidade física e filosófica: a interpretação que atribui à consciência humana poder causal na medição. Por um lado, é compreensível que essa interpretação seja tão mal vista pela comunidade acadêmica: em nome dela, foram feitas muitas deturpações de maneira intelectualmente pouco honesta; por outro lado, tento mostrar como a interpretação da consciência causal —ao contrário de sua contrapartida, que chamo de "interpretação da consciência mística"— é perfeitamente consistente, e que não deve ser descartada do rol de interpretações disponíveis sem justificativas adicionais. Minha abordagem neste capítulo é majoritariamente histórica e conceitual, priorizando a gênese das interpretações da consciência causal na mecânica quântica.

No quarto capítulo, mostro como tal interpretação é somente uma, em meio à vasta gama de opções de interpretações da mecânica quântica. Assim, qualquer sentença que comece com "a mecânica quântica implica que..." deve ser lida com bastante cautela, especialmente no tocante a aspectos filosóficos.

No quinto capítulo, exploro alguns horizontes possíveis para uma fundamentação mais rigorosa dos fundamentos da consciência na mecânica quântica, tendo em vista a interpretação apresentada no capítulo anterior. Em específico, considero a possibilidade de uma fundamentação filosófica, inspirada na ontologia de processos de Alfred North Whitehead. Essa alternativa ontológica tem a vantagem de evitar os problemas da metafísica dualista —*viz.* o problema mente-corpo— ao mesmo tempo que deixa aberta a possibilidade de causação mental. Desnecessário dizer que a estrutura ontológica whiteheadiana também evita uma justificação baseada em critérios religiosos para a causalidade da consciência, como é feito por alguns exemplos discutidos no capítulo 3.

O sexto e último capítulo é uma espécie de apêndice, no qual são minimamente tratadas questões matemáticas relativas ao formalismo da mecânica quântica, de modo a tornar ainda mais preciso o problema da medição. O formalismo apresentado ali não é necessário para o entendimento pleno das questões tratadas neste livro, mas serve a uma leitura mais aprofundada, embora ainda introdutória, da filosofia da física.

Embora tenham sido feito modificações substanciais, uma parte do presente material já encontra-se publicada:

- Partes dos capítulos 1 a 4 compuseram minha dissertação de mestrado (Arroyo, 2015).

- Partes dos capítulos 2 e 6 foram publicadas em formato de artigo (Arroyo, 2023a).

- Parte do capítulo 3 foi publicada no formato de artigo (Arroyo e Sversutti, 2022).

- Parte do capítulo 5 foi publicada em formato de artigo (Arroyo, Nunes Filho e Moreira dos Santos, 2024).

Capítulo 1

Questões de fundamento

Uma característica notável da mecânica quântica não-relativista (doravante apenas *mecânica quântica*) é sua questão interpretativa. É possível interpretar a mecânica quântica de diversas maneiras. As diferenças interpretativas, por sua vez, se mostram de diversos modos: podem ser estruturais, modificando, por exemplo, axiomas da teoria ou equações de movimento; podem ser substanciais, na medida em que alteram o próprio objeto de estudo da física; e também podem ser ontológicas, na medida em que diferenças interpretativas podem significar diferenças de concepções sobre como o mundo é e quais são as entidades que o compõem.

As fronteiras entre a física e a filosofia, e também entre teoria e interpretação, se tornam borradas quando nos deparamos com os fundamentos da mecânica quântica. Seja como for, qualquer abordagem interpretativa tem um ponto de partida. De uma perspectiva da história da filosofia e da física, o ponto de partida para as questões interpretativas tem um nome: a interpretação de Copenhague.

Por isso, acredito que seja um bom lugar para começar esta investigação. Como veremos ao longo deste livro, todas as interpretações analisadas aqui têm como ponto de partida, direta ou indiretamente, a interpretação de Copenhague. Seja pelos experimentos mentais, ou pelas questões filosóficas levantadas por dois dos fundadores da mecânica quântica: os físicos Niels Bohr e Werner Heisenberg.

Analiso separadamente as formulações de Heisenberg e Bohr, tentando delinear, da forma mais precisa quanto possível, a definição dos principais conceitos de tais autores, que abordam, respectivamente, o princípio da indeterminação e a complementaridade. Em seguida, discuto, também, sobre algumas das diferenças filosóficas fundamentais entre os dois autores que compõem o cerne da interpretação de Copenhague da mecânica quântica —deixando de lado a discussão de outros autores, não menos importantes, como Born, Dirac, Hermann, Pauli, entre outros; para uma abordagem mais completa da história dos fundamentos da mecânica quântica, ver A. Becker (2018) e Jammer (1974).

Em diversos manuais e livros didáticos de física, a mecânica quântica é exposta sob a ótica da interpretação de Copenhague —*e.g.* em Cohen-Tannoudji, Diu e Laloë (2020), Dicke e Wittke (1960), Messiah (1961) e Schiff (1949). Trata-se de uma interpretação que, supostamente, advém diretamente das formulações de Bohr e Heisenberg, e é até mesmo considerada a interpretação ortodoxa da mecânica quântica. A noção de uma interpretação unitária da mecânica quântica, chamada de "interpretação de Copenhague", de acordo com Howard (2004), fora introduzida por Heisenberg. Até os anos 1950, segundo Howard (2004, p. 680), existia apenas um chamado "espírito de Copenhague", que representaria "[...] um grupo de pensadores unidos pela determinação de defender a mecânica quântica como uma teoria completa e correta"; d'Espagnat (1999) considera a interpretação de Copenhague uma ferramenta prática para a solução de problemas da física quântica. Para que possamos discutir com a literatura especializada, chamo de interpretação de Copenhague a adoção dos pontos de vista do princípio da incerteza e da complementaridade —conceitos que serão explicados adiante.

Jamais existiu consenso sobre uma interpretação unitária da mecânica quântica e/ou suas implicações filosóficas. Exemplo disso é o fato de que os próprios teóricos fundadores da mecânica quântica, como Heisenberg e Bohr, frequentemente divergiam em questões filosóficas, como procuro expor ao final deste capítulo. Ainda assim, conforme observa Beller (1996), os dois físicos deliberadamente ocultariam suas diferenças em nome de uma interpretação unitária de Copenhague.

É preciso salientar que a mecânica quântica, estritamente falando, não oferece uma visão de mundo ou uma ontologia. A interpretação de Copenhague considera que a mecânica quântica seja meramente um conjunto de regras para fazer predições sobre tipos especiais de condições experimentais. No entanto, considero que é possível extrair uma ontologia associada à investigação da mecânica quântica. Portanto, tratarei de ontologia mesmo que os proponentes da teoria não o tenham feito explicitamente.

É igualmente importante ressaltar que, por mais que a mecânica quântica apresente diversos problemas filosóficos, sua capacidade de predição é bastante grande, atingindo dezenas de casas decimais de precisão (da Costa, 2019; Friederich, 2014). Isto é, trata-se de uma teoria muito bem sucedida em termos da concordância de suas predições com resultados experimentais. Inegavelmente a mecânica quântica *funciona para todos os propósitos práticos*. Dito isso, passemos ao debate conceitual acerca da mecânica quântica.

1.1 O princípio da indeterminação

O famoso "princípio da incerteza" foi formulado por Heisenberg ([1927] 1983). É um dos pontos centrais —e mais famosos— daquilo que se entende por interpretação de Copenhague, sendo um dos aspectos que diferenciam radicalmente a física clássica da física quântica. Ademais, como já disse anteriormente, veremos, ao longo deste livro, que todas as características que diferenciam radicalmente as físicas clássica e quântica se relacionam com o conceito de medição.

De acordo com Jammer (1974, p. 65), quando teve acesso ao manuscrito do (ainda não publicado) artigo de Heisenberg ([1927] 1983), Bohr ([1928] 1983b) teria apresentado uma série de críticas acerca da base conceitual sob a qual as relações foram formuladas, ainda que a validade das relações de

Heisenberg —ou seja, sua existência— não fosse questionada. Nesta seção, é delineada, de acordo com a posição de Heisenberg, uma definição tão precisa quanto possível para o princípio da incerteza.

Grosso modo, o princípio da incerteza postula a impossibilidade de atribuir valores exatos para certas propriedades observáveis dos objetos quânticos, tais como *posição* e *momento* (*momentum*), simultaneamente, de modo que tal atribuição deva obedecer uma quantidade constante de *incerteza*. Essa é a definição paradigmática do princípio, encontrada frequentemente em manuais e livros didáticos de mecânica quântica e representada sob a forma da seguinte desigualdade:

$$\Delta p \Delta q \geq \hbar/2\pi \qquad (1.1)$$

(em que "q" e "p" representam os desvios padrão, isto é, as propriedades observáveis e "$\hbar$" representa a constante reduzida de Planck). Essa apresentação matemática do princípio é referente à formulação de Kennard (1927). Muito embora a formulação conceitual tenha partido de Heisenberg ([1927] 1983), a primeira formulação matemática do princípio deve-se a Kennard (1927) —que menciona Heisenberg em seu artigo. Para mais detalhes históricos, ver Hilgevoord e Uffink (2016, § 2.3). As variáveis "tempo" e "energia" podem igualmente expressar o argumento, sendo também observáveis. No entanto, manterei o raciocínio com os observáveis "posição" e "momento", frequentemente expressos sob a forma dos caracteres q e p, respectivamente. O termo "posição" é uma propriedade observável que designa, como o nome intuitivamente sugere, a posição de um objeto quântico em movimento; o termo "momento" pode ser entendido como uma propriedade observável que designa a direção ou a velocidade do movimento de um objeto quântico.

Duas questões surgem imediatamente:

- Quanto ao primeiro termo: o "princípio da incerteza" é, de fato, um *princípio* da teoria quântica?

- Quanto ao segundo termo: o "princípio" se refere a uma tese *epistemo-*

CAPÍTULO 1. QUESTÕES DE FUNDAMENTO

lógica (de fato "princípio da incerteza") ou a uma tese *ontológica* (como "princípio da indeterminação")?

Discuto, adiante, o que implica levar em consideração uma referência epistemológica ou ontológica. Para uma abordagem acerca da primeira questão, é necessário distinguir entre as "relações de incerteza" e o "princípio da incerteza". Segundo Pessoa Jr. (2019a), cabe a seguinte distinção entre os dois termos:

> O princípio [da incerteza], que se aplica a grandezas não compatíveis entre si [...], exprime o fato de que uma maior previsibilidade nos resultados da medição de um dos observáveis implica uma diminuição na previsibilidade do outro. Uma relação de incerteza é qualquer relação matemática que exprima quantitativamente o princípio. (Pessoa Jr., 2019a, p. 77).

Na física clássica, todas as grandezas são compatíveis, o que não acontece na mecânica quântica. As relações de incerteza são consequências do formalismo da mecânica quântica. De fato, essa é uma das críticas tecidas por Popper (1967) em relação ao princípio da incerteza: as relações não poderiam alcançar o status de princípio da teoria quântica por uma questão de prioridade lógica. As relações são derivadas da própria teoria quântica, de modo que seria impossível fazer o caminho inverso e obter a teoria quântica a partir das relações de incerteza.

Para Reichenbach (1944, p. 13), no entanto, o princípio é uma "afirmação empírica". Assim, a questão em torno da utilização ou não das relações de incerteza sob o nome de "princípio" deveria se dar no sentido empírico do termo, na medida em que as relações são apresentadas originalmente como um resultado experimental, ainda que formulada a partir de um experimento mental, como veremos a seguir. Da forma como interpretam Hilgevoord e Uffink (2016), Heisenberg expressaria que relações de incerteza seriam um princípio fundamental da natureza, isto é, imposto como uma lei empírica, ao invés de ser tomado como um resultado derivado do formalismo da teoria.

CONSCIÊNCIA E MECÂNICA QUÂNTICA

O princípio da incerteza é uma interpretação agregada às relações (matemáticas) de incerteza, frequentemente associada àquilo que se entende por interpretação de Copenhague. De acordo com Cassidy (1998), Heisenberg nunca teria endossado o ponto de vista de que suas relações fossem de fato um princípio da mecânica quântica. Segundo o autor, para designar o argumento expresso através do suposto princípio da incerteza, como ficara popularmente conhecido, Heisenberg utilizava os termos "relações de imprecisão" (*inaccuracy relations, Ungenauigkeitsrelationen*) ou "relações de indeterminação" (*indeterminacy relations, Unbestimmtheitsrelationen*).

Como não entrarei aqui na discussão relativa ao formalismo da teoria quântica, a discussão que se seguirá, para o escopo desta obra, será relativa àquilo que se refere ao princípio. Adoto, por ora, a nomenclatura "relações de Heisenberg" (ou somente as "relações") para me referir ao que fora chamado até aqui de princípio da incerteza. Desse modo, não me comprometerei —ao menos de antemão— com alguma interpretação, como as explicitadas acima.

A tentativa de responder à segunda questão esbarra na dificuldade de não haver uma única terminologia, na medida em que não existe um consenso para a interpretação das relações. Para uma melhor compreensão do significado das relações de Heisenberg, examinarei o raciocínio do próprio autor. O título do artigo de 1927, no qual as relações são formuladas, parcialmente traduzido para o português, seria: "Sobre o conteúdo '*anschaulich*' da teoria quântica cinemática e mecânica". De acordo com Hilgevoord e Uffink (2016), o termo "*anschaulich*" merece atenção especial. É uma palavra própria da língua alemã, cuja tradução para outros idiomas é frequentemente ambígua, de modo que a expressão "conteúdo *anschaulich*" tem diversas traduções.

No volume organizado por Wheeler e Zurek, o título do artigo de Heisenberg ([1927] 1983) fora traduzido para o inglês como "*the physical content*" ("o conteúdo físico"); Cassidy (1992), biógrafo de Heisenberg, traduziu como "*the perceptible content*" ("o conteúdo perceptível"). A tradução literal mais aproximada seria "conteúdo visualizável", sendo a visão é fre-

Capítulo 1. Questões de fundamento

quentemente utilizada como uma metáfora para o entendimento da questão proposta. Esse é um motivo pelo qual parte da literatura entende a palavra *"anschaulich"* como referindo-se à intuitividade,[1] muitas vezes —e aqui voltamos à tradução literal— intercambiável com *visualizabilidade*.[2] Hilgevoord e Uffink (2016) sugerem a tradução "conteúdo inteligível".

Para Heisenberg ([1927] 1983, p. 64), o que garante *anschaulich* a um conceito físico é sua correspondência biunívoca com uma operação experimental especificamente designada para a aplicação de tal conceito. Assim, fica claro que a palavra *"anschaulich"* não se refere a um conteúdo puramente inteligível, que poderia ser entendido como um conteúdo puramente conceitual, sem correspondente experimental. Desse modo, uma sugestão é que a expressão tenha um significado mais próximo ao "conteúdo manifesto", da forma como enuncia através da seguinte passagem:

> Quando alguém quiser ter clareza sobre o que se deve entender pelas palavras "posição do objeto", como, por exemplo, do elétron (relativamente a um dado referencial), é preciso especificar experimentos definidos com o auxílio dos quais se pretenda medir a "posição do elétron"; caso contrário, a expressão não terá significado. (Heisenberg, [1927] 1983, p. 64).

Em outras palavras, se trata de um postulado que declara que apenas as propriedades que forem *em princípio observáveis* devem se inserir na teoria. Para fins heurísticos dessa exposição, é com esse significado em mente que procederei daqui em diante. Tal atitude fora identificada como uma posição operacionista dos conceitos físicos, frequentemente associada ao positivismo/empirismo lógico.[3] Ao mencionar o termo "positivismo", tem-se em mente, principalmente, a defesa dos aspectos empiricista e verificacionista da ciência, segundo os quais a experiência (ou a medição) é condição

---

[1] Ver de Ronde (2019b) para afirmações desse tipo, mas *cf.* com Arroyo e Arenhart (2023).

[2] Para uma abordagem relacionando inteligibilidade e a capacidade de *visualização* na mecânica quântica, ver de Regt (2017, capítulo 7)

[3] Não é incomum encontrar proponentes do positivismo que sejam proponentes do operacionismo, motivo pelo qual as duas posturas foram consideradas como referindo-se à mesma e única postura, ou por vezes muito similares; ver Chang (2021) para uma discussão panorâmica sobre o operacionismo como uma postura distinta do positivismo.

necessária para a formulação de enunciados científicos.[4] Tais termos serão discutidos no capítulo seguinte. Adoto, a partir daqui, a nomenclatura proposta por Pessoa Jr. (2019a, p. 74), de "postulado operacionista" para me referir à passagem citada acima.

Para exemplificar esse postulado, Heisenberg ([1927] 1983, p. 64) introduz um experimento de pensamento —posteriormente conhecido como "microscópio de Heisenberg"— no qual se objetiva efetuar uma medição de posição sobre um elétron a partir de um microscópio de raios γ (gama). Os raios gama têm o menor comprimento de onda conhecido até então do espectro luminoso. A ideia de utilizá-los para iluminar o elétron vem de uma propriedade matemática do processo de tal medição, segundo a qual se obtém maior precisão quanto menor for o comprimento de onda da luz que iluminará o elétron. Então, para efetuar uma medição, seria preciso iluminar o elétron.

No entanto, a tentativa de iluminar um elétron, e assim medir sua posição, deve envolver ao menos um fóton, cuja interação com o elétron pode ser considerada uma colisão de modo a implicar uma perturbação no momento do elétron —distúrbio que é maior quando menor for o comprimento de onda da luz que colide com o elétron— e isso limitaria a precisão do conhecimento sobre tal momento. Esse fenômeno é conhecido como "efeito Compton". Para um detalhamento físico-teórico desse fenômeno, ver Chibeni (2005, p. 8). Com tal raciocínio, Heisenberg é capaz de afirmar que:

> No instante de tempo em que a posição é determinada, isto é, no instante em que o fóton é disperso pelo elétron, o elétron sofre uma mudança descontínua no momento. Essa mudança é maior [...] quanto mais exata for a determinação da posição. No instante em que a posição do elétron é conhecida, seu momento poderá ser conhecido apenas por magnitudes que correspondam a essa mudança descontínua; assim, quanto mais precisamente for determinada a posição, menos precisamente o momento é conhecido, e vice-versa. (Heisenberg, [1927] 1983, p. 64).

---

[4] Para um estudo aprofundado sobre o positivismo, ver da Silva (2020).

CAPÍTULO 1. QUESTÕES DE FUNDAMENTO

Essa é a primeira formulação das relações de Heisenberg, que implicam, à primeira vista, uma tese epistemológica, na medida em que se relaciona com uma limitação do conhecimento acerca dos valores observáveis.

Tal formulação induz a uma conclusão preliminar acerca de uma drástica ruptura entre os conceitos "clássico" e "quântico": os conceitos (tais como posição e momento) teriam, na teoria física clássica, definições exatas (isto é, limitadas somente pela imprecisão dos instrumentos de medida), o que não acontece na física quântica, visto que os conceitos agora obedecem a uma limitação imposta pela operação experimental, impedindo, assim, que a "definição" dos conceitos seja simultaneamente exata.

Uma tese semântica está implícita aqui. Como observam Hilgevoord e Uffink (2016), o postulado operacionista especifica que um experimento garante significado a um conceito tal como "posição", de modo que a atitude de, por exemplo, "efetuar uma medição de posição sobre um elétron" acaba por atribuir significado à posição do objeto quântico em questão. A formulação das relações de Heisenberg parece indicar, para além do que se pode conhecer acerca dos observáveis, uma limitação acerca do que se pode dizer dos conceitos físicos em dada operação experimental. Assim, os autores propõem o uso da nomenclatura "princípio de medição=significado".

No entanto, Heisenberg ([1927] 1983, p. 73, ênfase adicionada) exibe uma segunda formulação das relações, de caráter ontológico, quando afirma: "acredito que se possa formular proveitosamente a origem da [noção de] 'órbita' clássica da seguinte maneira: a 'órbita' *passa a existir somente quando a observamos*". De acordo com tal formulação, a medição não apenas garante significado para uma propriedade observável de um objeto quântico, mas, de fato, garante realidade física para tal conceito. Hilgevoord e Uffink (2016) propõem, para esse raciocínio, o uso da nomenclatura "princípio de *medição=criação*" —que, como discutirei adiante, Heisenberg ([1958] 1995) afirma posteriormente que não se trataria de uma criação, mas de uma atu-

CONSCIÊNCIA E MECÂNICA QUÂNTICA

alização de potencialidades, remetendo aos conceitos de "ato" e "potência" dos analíticos posteriores de Aristóteles (*Órganon*, §99b28–29).[5]

De acordo com o quadro conceitual exposto acima, a medição dos observáveis (no caso, posição e momento) parece proceder da seguinte maneira: quando a posição é medida pelo princípio de medição=significado, pode-se atribuir significado epistemológico ao conceito físico "posição do elétron"; além disso, pelo princípio de *medição=criação*, pode-se atribuir realidade física à noção de posição, tal que a relação de incerteza impossibilitaria a medição simultânea do outro observável (o momento) com uma precisão arbitrariamente grande. Deve-se notar que a definição de algumas das propriedades observáveis (nesse exemplo, o momento) são imprecisas num sentido ontológico (de acordo com o princípio de *medição=criação*), de modo que só se pode atribuir à realidade do elétron um momento impreciso.

Aqui poderia caber uma objeção, *viz.*, que a ideia da "existência" de posição, momento, ou trajetória não é uma tese ontológica forte de "existência no mundo", mas uma ideia mais relativizada, *i.e.*, "existência na teoria". Essa discussão será brevemente retomada no capítulo 2; no entanto já posso adiantar que entendo ambos os sentidos como ontológicos. Para uma discussão mais aprofundada, ver Arenhart e Arroyo (2021a) e Arroyo e da Silva (2022b). Ainda assim, nosso alvo é a interpretação epistêmica do princípio, conforme defendida por *e.g.* Chibeni (2005). Alinho-me com Hilgevoord e Uffink (2016) com a interpretação *ontológica* do princípio da incerteza:

> A questão é, então, que status atribuiremos ao momento do elétron pouco antes de sua medição final. É real? De acordo com Heisenberg, não é. Antes da medição final, o melhor que podemos atribuir ao elétron é algum momento impreciso ou difuso. Esses termos são entendidos aqui em um sentido ontológico, caracterizando um atributo real do elétron. (Hilgevoord e Uffink, 2016, § 2.2).

Até aqui, parece seguro definir as relações de Heisenberg como a impossi-

---

[5] Voltarei a esse ponto no capítulo 5. Para uma análise aprofundada do conceito de *"potentia"* em Heisenberg, ver Kožnjak (2020) e Pangle (2014).

CAPÍTULO 1. QUESTÕES DE FUNDAMENTO

bilidade de medição das propriedades observáveis de um objeto quântico com precisão arbitrariamente grande. Anos mais tarde, Heisenberg exibe uma definição de suas relações de forma ainda mais precisa:

> O princípio da incerteza se refere ao grau de indeterminação no possível conhecimento presente de valores simultâneos de várias quantidades com as quais a teoria quântica lida; ele não se restringe, por exemplo, à exatidão de uma única medição de posição ou de velocidade. Assim, suponhamos que a velocidade de um elétron livre é conhecida com precisão, enquanto que sua posição é completamente desconhecida. O princípio afirma que cada observação subsequente da posição irá alterar o momento por um valor desconhecido e indeterminável tal que, após a realização da experiência, nosso conhecimento do movimento do elétron é restringido pela relação de incerteza. Isso pode ser expresso em termos gerais e concisos ao dizer que cada experimento destrói parte do conhecimento do sistema, que fora obtido por experimentos anteriores. Essa formulação torna claro que a relação de incerteza não se refere ao passado; se a velocidade do elétron é previamente conhecida e a posição é medida com exatidão, a posição para os tempos anteriores a tal medição pode ser calculada. Então, para tais tempos [...][a relação de incerteza] é menor do que o limite usual, mas esse conhecimento do passado é de caráter puramente especulativo visto que nunca (devido à alteração desconhecida do momento causada pela medição da posição) pode ser usado como condição inicial em qualquer cálculo da progressão futura do elétron e, portanto, não pode ser objeto de verificação experimental. *É uma questão de crença pessoal se se pode ou não atribuir realidade física ao cálculo relativo à história passada do elétron.* (Heisenberg, 1930, p. 20, ênfase adicionada).

Nessa definição, a ênfase é dada no fato de que os valores dos observáveis podem ser conhecidos precisamente, o que parece contradizer a definição clássica das relações de incerteza. No entanto, Heisenberg afirma que as relações não se aplicariam para valores de medições passadas, de modo que os valores passados não podem ser utilizados para os cálculos futuros, pois cada nova medição perturba descontinuamente o valor de um dos observáveis de maneira, a princípio, incontrolável.

Como observa Jammer (1974, p. 68), a limitação imposta pelas relações de Heisenberg não impõe uma restrição à definição dos observáveis visto que, se considerados isolados, podem ser medidos com precisão arbitrariamente grande. As relações se aplicam somente à tentativa de medição simultânea dos dois observáveis.

Quanto ao estatuto ontológico relativo à "história passada" dos observáveis (ou seja, dos valores "precisos" dos observáveis em medições passadas e isoladas), Heisenberg (1930, p. 20) relega ao plano da "crença pessoal", visto não haver possibilidade de referir um aparato experimental próprio para verificar tal noção. Sua própria "crença pessoal" é negar sua realidade física se for levado em consideração o princípio de *medição=criação*. O trecho destacado da citação acima poderia ser interpretado como uma pista na direção de que Heisenberg não queria se comprometer com a leitura ontológica das relações de incerteza. No entanto —e isso ficará mais claro adiante—, o que está em jogo é a *existência* requerida da realidade física do elétron *anteriormente* à medição: lembre-se do princípio de medição=criação: antes da medição, não há razão de fato sobre certas propriedades do elétron!

Ainda assim se mantém a questão acerca do que as relações de Heisenberg de fato expressam (ainda que as alternativas não sejam exclusivas): *(i)* uma limitação experimental sobre o que se pode conhecer acerca dos objetos quânticos, uma incerteza; *(ii)* uma restrição acerca do significado que se pode atribuir à definição dos objetos quânticos, uma indefinição; *(iii)* uma restrição ontológica quanto às propriedades observáveis dos objetos quânticos, uma indeterminação.

O extenso debate acerca da interpretação das relações de Heisenberg é refletido na própria existência de diversas nomenclaturas para as relações

CAPÍTULO 1. QUESTÕES DE FUNDAMENTO

de Heisenberg. Jammer (1974, p. 61–62) identifica três termos distintos, utilizados por Heisenberg no artigo de 1927, para se referir ao argumento de suas relações: (1) *Ungenauigkeit*, que denota "inexatidão" ou "imprecisão"; (2) *Unbestimmtheit*, que denota "indeterminação"; (3) *Unsicherheit*, que denota "incerteza".

Da mesma forma, existem três usos distintos do argumento. Se a ênfase é dada na (*a*) ausência de conhecimento subjetivo acerca das propriedades dos objetos quânticos, utiliza-se a acepção (1) —há uma incerteza de caráter epistemológico. Se a ênfase é dada na (*b*) ausência de conhecimento objetivo, independentemente de observador acerca das propriedades dos objetos quânticos, utiliza-se a acepção (2) —há uma indeterminação de caráter ontológico. O termo (3) é utilizado de forma neutra, para quando esta ênfase não for dada. De acordo com Hilgevoord e Uffink (2016), Heisenberg transita livremente das implicações epistemológicas para as implicações ontológicas. Segundo Pessoa Jr. (2019a, p. 78), o motivo pelo qual as relações de Heisenberg transitam de uma tese epistemológica para uma tese ontológica é justamente a assunção do postulado operacionista.

De fato, tal postulado é, além do ponto de partida do argumento, a base conceitual das relações de Heisenberg. Tanto as implicações epistemológicas quanto ontológicas das relações se fundamentam no ato de medição, entendida nesse contexto como uma operação experimental. Se as relações demonstram que não é possível medir as propriedades observáveis de um objeto quântico de forma precisa e simultânea, isto quer dizer que, em última análise, tais propriedades nem sequer existem simultaneamente de forma determinada. Assim, se segue logicamente que, devido ao fato de não existirem de forma determinada, não podem ser conhecidas ou definidas de forma determinada. Desse modo, por mais que Heisenberg dê menos atenção às implicações ontológicas desse argumento, elas parecem ocupar um lugar central no plano conceitual das relações, tal que as implicações epistemológicas parecem derivar da implicação ontológica do princípio *medição=criação*. Portanto, parece seguro caracterizar que, para Heisenberg, as relações são entendidas como relações de indeterminação. Isto é, se assumido o postulado operacionista, que parece ser o cerne do argumento de Heisenberg ([1927] 1983), o sentido ontológico é condição necessária para as implicações epistemológicas e semânticas.

No entanto, Jammer (1974, p. 76) considera "estranha" e até mesmo "inconsistente" a atitude de classificar o raciocínio de Heisenberg como positivista, conforme a adoção do postulado operacionista parece sugerir. A motivação para o raciocínio das relações de indeterminação fora fortemente influenciada por uma conversa com Albert Einstein, como reconhece o próprio Heisenberg ([1969] 1996, p. 95). Da forma como Heisenberg ([1969] 1996, p. 78) transcreve, o raciocínio de Einstein seria o seguinte: "em princípio é um grande erro tentar fundamentar uma teoria apenas nas grandezas observáveis. Na realidade, dá-se exatamente o inverso. É a teoria que decide o que podemos observar". Tal raciocínio acerca do significado do termo "observação" parece ser o oposto da proposta positivista para as ciências —na qual as teorias científicas deveriam ter como ponto de partida os dados observáveis.

Em uma entrevista conduzida por Kuhn, Heisenberg esclarece esse ponto:

> Ele [Einstein] explicou-me que o que se observa ou não é decidido pela teoria. Somente quando você tem a teoria completa, você pode dizer o que pode ser observado. A palavra observação significa que você faz algo que é consistente com as leis físicas conhecidas. Então se você não tem leis físicas, você não observa nada. Bem, você tem impressões e você tem algo em sua chapa fotográfica, mas você não tem nenhuma maneira de ir da placa para os átomos. Se você não tem nenhuma maneira de ir de placa para os átomos, qual a utilidade da placa? (Heisenberg, 1963, seção XVIII).

A referida teoria (que deve preceder a observação) seria, no entendimento de Heisenberg, a matemática.

Bem, nós temos um esquema matemático consistente e esse es-

CAPÍTULO 1. QUESTÕES DE FUNDAMENTO

quema matemático consistente nos diz tudo o que pode ser observado. Não existe algo na natureza que não possa ser descrito por esse esquema matemático. [...] ondas e corpúsculos são, com certeza, um modo de expressão, e nós chegamos a estes conceitos através da física clássica. A física clássica nos ensinou a falar acerca de partículas e ondas, mas desde que a física clássica não é verdadeira lá [na física quântica], por que devemos nos ater tanto a estes conceitos? Por que não dizer simplesmente que não podemos usar esses conceitos com uma precisão muito elevada? Daí as relações de incerteza, e, por isso, nós temos que abandonar estes conceitos até certo ponto. Então ficamos além desse limite da teoria clássica, e devemos perceber que nossas palavras não são adequadas. Elas não têm de fato base na realidade física e, portanto, um novo esquema matemático seria melhor que elas, porque o novo esquema matemático diz o que pode e o que não pode estar lá. A natureza de alguma forma segue tal esquema. (Heisenberg, 1963, seção. XVIII).

O argumento original das relações de Heisenberg (sob o exemplo do microscópio de raios gama), de acordo com Redhead (1987, p. 67), infere que "uma partícula descrita classicamente se 'infecta' com as relações de incerteza da mecânica quântica quando interage com um agente quântico em uma medição".

Isso parece indicar, no limite, a rejeição por parte de Heisenberg da descrição clássica (tais como ondas e partículas) para os objetos quânticos. Para Jammer (1974, p. 68), isto é notável, visto que a formulação matemática da teoria, na concepção de Heisenberg, permitiria a predição de todo e qualquer experimento, de modo que a utilização de termos clássicos, tais como "ondas" ou "partículas", seria obsoleta para a descrição do que ocorre em uma medição quântica —ao menos diante de tal esquema matemático.

Pela definição, ainda em linhas gerais, que busco apresentar para o princípio de Heisenberg ([1927] 1983), chamarei de princípio da indeterminação, dada a ênfase nos pressupostos ontológicos subjacentes ao raciocínio de sua formulação. Passemos à analise de alguns aspectos centrais da formulação da complementaridade de Bohr para definir com maior precisão a noção de interpretação de Copenhague.

1.2 A complementaridade

Juntamente com o princípio da indeterminação de Heisenberg, a noção de complementaridade, formulada por Bohr ([1928] 1983b), contém o cerne daquilo que se conhece por interpretação de Copenhague, muitas vezes chamada de "interpretação da complementaridade" ou "interpretação ortodoxa". No entanto, o termo "complementaridade" tem, de acordo com Jammer (1974, p. 88–89), usos muito distintos e fora aplicado a diversas outras áreas do conhecimento, tais como ética, linguística, psicologia e teologia. No contexto da física —sobre o qual me aterei exclusivamente— o termo tem diversos usos filosóficos distintos, com implicações epistemológicas (como o próprio Bohr parece sugerir), lógicas e até mesmo ontológicas. Buscarei evidenciar tais implicações ao longo deste capítulo.

Me aterei, a princípio, à formulação original de Bohr ([1928] 1983b), na tentativa de reconstruir uma definição tão precisa quanto possível do termo "complementaridade", entendendo que haverá uma série de dificuldades, na medida em que, como apontam Jammer (1974, p. 95) e Faye (1991, p. 142), nem mesmo Bohr delineou uma definição clara para aquilo que diz respeito ao conceito complementaridade.

O termo aparece pela primeira vez em uma palestra de Bohr ([1928] 1983b) ministrada em 1927, na cidade italiana de Como, conhecida como "Como lecture", e publicada no ano seguinte. A argumentação conduzida por Bohr ([1928] 1983b) se dá por duas premissas e uma conclusão:

(P_1): Os conceitos clássicos são indispensáveis para a descrição dos experimentos quânticos.

(P_2): A indivisibilidade dos fenômenos quânticos é um fato imposto pela natureza e deve ser aceito como tal. Isto é, como cada medição

CAPÍTULO 1. QUESTÕES DE FUNDAMENTO

envolve a troca de uma quantidade finita de energia (de ao menos um *quantum*), nenhuma medição seria rigorosamente idêntica à outra e, por isso, fala-se na indivisibilidade dos fenômenos quânticos.

(C_1): O uso dos conceitos clássicos tem sua limitação na descrição dos fenômenos quânticos.

Iniciarei a análise desse argumento partindo da premissa (P_2). Uma das principais características que diferencia as teorias clássica e quântica seria a introdução do postulado quântico, contido na premissa de que ele:

> [...] atribui a qualquer processo atômico uma descontinuidade essencial, ou ainda uma individualidade, completamente estranha para as teorias clássicas [...]. (Bohr, [1928] 1983b, p. 88).

É precisamente a essa descontinuidade inerente ao processo de medição que Heisenberg se refere nas relações de indeterminação. Tal postulado declara que toda e qualquer interação entre (ao menos) dois sistemas é caracterizada pela troca de energia de (ao menos) um quantum, de modo que qualquer medição envolve uma interação entre o fenômeno quântico e as agências de medição.

O termo "agência de medição" é utilizado com frequência nos escritos de Bohr, o que talvez indique uma posição de neutralidade em relação ao que, de fato, seria a causa da medição, de modo a não se comprometer com as ambiguidades contidas em termos como "observação" que poderiam remeter a um aspecto humano. Dado o postulado quântico e suas consequências para o ato de medição, Bohr é capaz de enunciar pela primeira vez o sentido do termo "complementaridade":

> Por um lado, a definição do estado de um sistema físico, como entendido comumente, alega a eliminação de todas as interferências externas. Mas, nesse caso, de acordo com o postulado quântico, qualquer observação será impossível, e, acima de tudo, os conceitos de espaço e tempo perdem imediatamente o seu significado. Por outro lado, se, para tornar a observação possível,

CONSCIÊNCIA E MECÂNICA QUÂNTICA

temos que permitir certas interações com agências apropriadas de medição que não pertençam ao sistema, uma definição não ambígua do estado do sistema naturalmente não é mais possível, e a causalidade, no sentido comum da palavra, está fora de questão. A própria natureza da teoria quântica nos obriga, portanto, a considerar a coordenação espaço-tempo e a alegação da causalidade, a união que caracteriza as teorias clássicas, como características complementares, mas exclusivas, da descrição, simbolizando a idealização da observação e da definição respectivamente. (Bohr, [1928] 1983b, p. 89–90).

Diversas considerações podem ser extraídas do trecho acima, que é a primeira vez em que Bohr se refere ao termo "complementaridade". Chamo a atenção aos seguintes pontos da citação acima: *(i)* a ressignificação do conceito clássico de observação; *(ii)* o operacionismo e *(iii)* as variáveis complementares. O ponto *(i)* deixa claro que, uma vez assumido o postulado quântico, uma observação passiva de um objeto isolado não seria possível, uma vez que, na teoria quântica, há a troca de energia discreta (de ao menos um quantum) entre a agência de medição e o objeto medido. Tal inter-relação acaba por aparentemente desconstruir a linha, clara na teoria clássica, que distingue sujeito e objeto.

O ponto *(ii)*, que chamo de operacionismo, parece ter as mesmas consequências do postulado operacionista proposto por Heisenberg ([1927] 1983, p. 64) na formulação das relações de indeterminação, na medida em que admite significado somente aos conceitos sobre os quais se possa indicar uma operação experimental. Isto se torna notável em várias passagens da palestra de Como, quando, por exemplo, Bohr ([1928] 1983b, p. 91–92) admite que a "[...] radiação em espaços livres assim como partículas materiais isoladas são abstrações, suas propriedades na teoria quântica são definíveis e observáveis apenas através de sua interação com outros sistemas".

Em um sentido ontológico mais forte, afirma que

[...] uma realidade independente, no sentido físico usual [clás-

Capítulo 1. Questões de fundamento

sico], não pode ser atribuída nem ao fenômeno nem às agências de observação. (Bohr, [1928] 1983b, p. 89).

Assim, o ponto *(ii)* parece enfatizar, de acordo com Hilgevoord e Uffink (2016), que o contexto experimental define aquilo que pode ser significativamente atribuído à descrição de um objeto quântico, ao invés de alterar propriedades pré-existentes em tal objeto. De fato, a última colocação é uma interpretação possível da primeira formulação da complementaridade expressa por Bohr ([1928] 1983b). Entretanto, ao conflitar com o operacionismo do ponto *(ii)* sublinhado acima, tal interpretação fora veementemente combatida por Bohr na defesa da completude da mecânica quântica na segunda metade da década de 30, assunto que tratarei em detalhe no capítulo seguinte.

Os dois pontos citados acima carregam notáveis consequências filosóficas em relação ao raciocínio de Bohr. Por enquanto, deixarei de lado a discussão em torno de tais implicações, e enfatizarei o ponto *(iii)* a fim de delinear uma definição clara para o termo "complementaridade". O raciocínio utilizado por Bohr nessa passagem é de que a complementaridade seria relativa a modos de descrição mutuamente exclusivos, que seriam: (*a*) a descrição ou coordenação espaço-temporal de um objeto quântico e (*b*) a descrição causal ou a alegação da causalidade de tal objeto.

Enquanto a noção (*a*) é, de certa forma, mais clara, o item (*b*) merece mais atenção. A opção de Bohr da definição do item (*b*), identificada como causalidade, se refere, segundo Jammer (1974, p. 95) "aos teoremas de conservação de energia e momento", o que Kauark-Leite (2012, p. 171) identifica como "o determinismo causal do formalismo matemático";[6] de fato, assegura Kauark-Leite (2012, p. 170), o formalismo da teoria quântica, sob a representação matemática da evolução temporal de uma função de onda, seria sempre determinista. A função de onda ψ e seu estado quântico correspondente $|\psi\rangle$[7] mapeiam todas as informações físicas possíveis para um

---

[6] Ver também Kauark-Leite ([2012] 2022).

[7] Que aqui trataremos como equivalentes, sem entrar nos detalhes matemáticos de tal equivalência; para tanto, ver Krause (2016).

dado sistema quântico.[8] A evolução temporal dos sistemas quânticos será tratada em maiores detalhes no capítulo 3 sob a nomenclatura de "processo 2". Em sua formulação original, as variáveis complementares —ou observáveis ou variáveis conjugadas— (a) e (b) denotam a incompatibilidade de qualquer tentativa de, simultaneamente, se atribuir validade a uma descrição espaço-temporal das leis matemáticas.

Como aponta Jammer (1974, p. 102), Bohr não utiliza os termos "posição" e "momento", ou "partícula" e "onda", na palestra de Como, ainda que pudesse tê-lo feito facilmente. De fato, como notam Hilgevoord e Uffink (2016), as variáveis de posição e momento seriam os melhores exemplos para tratar da complementaridade de Bohr, num sentido de clareza ou praticidade, uma vez que são estas as variáveis utilizadas nos debates em relação à interpretação de Bohr. Assim, unicamente porque os exemplos que se seguirão pressupõem de alguma forma o uso das variáveis posição e momento, utilizarei por ora, por motivos de clareza, a "versão de Pauli" como sugere Jammer (1974, p. 102), que intercambia a variável (a) por "posição" e (b) por "momento".

Uma das contribuições de Weizsäcker para a compreensão do termo "complementaridade" de Bohr fora a distinção entre várias acepções do termo. A versão de Pauli seria chamada de "complementaridade paralela" visto que os conceitos de "posição" e "momento" pertenceriam à mesma imagem intuitiva dos processos físicos, caso se queira definir completamente o estado de um sistema; a versão de Bohr, no entanto, seria chamada de complementaridade circular. Em simultaneidade, as variáveis (a) e (b) constituem o significado clássico do termo observação.

Na teoria clássica, dois modos de descrição (a) e (b) são combinados, uma vez que (a) o estado de um sistema se desenvolve continuamente no espaço e no tempo, e (b) a mudança do estado de um sistema, causada pela interação, é determinada pelos princípios de conservação de momento e energia. Por isso, na mecânica clássica, um estado bem definido pode *sem-*

---

[8] A suposição de que a função de onda mapeia *completamente* tal conjunto de informações física é uma assunção que será tornada explícita no capítulo 3, já que é uma das premissas que levam ao problema da medição.

CAPÍTULO 1. QUESTÕES DE FUNDAMENTO

pre ser atribuído a um sistema isolado, quer ele interaja ou não com outro sistema.

Na teoria quântica, no entanto, em consequência do postulado quântico, não seria possível a medição simultânea das duas variáveis, o que desproveria de sentido os conceitos (*a*) e (*b*), de acordo com o critério operacionista assumido. Para tanto, Bohr propõe que tais variáveis componham uma descrição complementar, caso tomadas em situações experimentais distintas, mutuamente exclusivas, mas, no entanto, necessárias para uma descrição exaustiva dos fenômenos quânticos.

Da forma como descrito, o termo "complementaridade" de Bohr parece se referir a modos de descrição distintos, acompanhados de arranjos experimentais distintos, de modo que pode ser estendido às variáveis elas mesmas em termos de quais descrições complementares são formuladas, assim, por exemplo, uma coordenada de posição e uma variável de momento são chamadas complementares umas às outras; neste sentido, o termo "complementaridade" é justificado somente se as variáveis são utilizadas em descrições que correspondam a operações experimentais complementares.

São precisamente tais modos complementares de descrição que devem ser realizados na terminologia da linguagem da teoria clássica, de modo que podemos passar para a análise da primeira premissa (P_1). Isto se daria, a princípio, pela natureza da observação que, segundo Bohr ([1928] 1983b, p. 89) "em última análise, toda observação pode, de fato, ser reduzida às nossas percepções sensoriais". Uma observação de um objeto quântico parece representar a ampliação de um sinal microscópico (quântico), por uma agência de medição, para o nível macroscópico (clássico), de tal forma que:

> Ao traçar as observações de volta às nossas sensações, novamente deve-se referir o postulado quântico em conexão com a percepção da agência de observação [medição], seja por meio de sua ação direta sobre o olho ou por meio de auxiliares adequados [...]. (Bohr, [1928] 1983b, p. 102).

Assim, raciocina Bohr ([1928] 1983b, p. 126), na medida em que "[...] toda palavra na linguagem se refere a nossa percepção comum", e que nossa percepção comum é relativa aos macroobjetos —os objetos da teoria clássica— nossa linguagem deve ser clássica.

Tentei, até aqui, reconstruir a argumentação de Bohr sobre o termo "complementaridade". Da forma como proposto por Jammer (1974), a reconstrução da premissa P_2 pode ser resumidamente enunciada passo a passo da seguinte maneira:

1. Indivisibilidade do quantum de ação (postulado quântico).

2. Descontinuidade (ou indivisibilidade) dos processos quânticos.

3. Incontrolabilidade da interação entre objeto e instrumento [de medição].

4. Impossibilidade de uma (estrita) descrição espaço-temporal, ao mesmo tempo, causal.

5. Renúncia ao modo clássico de descrição. (Jammer, 1974, p. 101).

Passemos agora à análise crítica do conceito "complementaridade". O ponto 5 indicado na conclusão (C_1) —*viz.*, que o uso linguagem clássica é *limitado* para a descrição dos fenômenos quânticos— pode soar contraditório tendo em vista a necessidade, expressa por Bohr, do uso da linguagem clássica para a explicação dos fenômenos quânticos. No entanto, para Bohr, o que caracteriza um modo clássico de descrição é a existência de apenas uma descrição completa.

No entendimento de Bohr, tal único modo se refere a uma única descrição, ao mesmo tempo causal e espaço-temporal. Assim, se for levado em consideração que uma descrição clássica jamais fornece uma descrição completa de um objeto quântico no sentido da necessidade da exclusividade mútua de (ao menos dois) modos clássicos de descrição, a aparência de uma contradição desaparece.

Ainda assim, outra dificuldade para a utilização da terminologia clássica para a descrição dos fenômenos quânticos é exposta por Howard (1994,

CAPÍTULO 1. QUESTÕES DE FUNDAMENTO

p. 201–229), na medida em que os conceitos clássicos carregam pressupostos filosóficos diferentes ou até mesmo contraditórios em relação àqueles assumidos pela mecânica quântica —da forma como interpretada pela complementaridade. O comprometimento ontológico com a tese de que os entes possuem uma realidade objetiva independente é uma característica notável do referencial conceitual clássico. Em outras palavras, os termos clássicos trazem consigo a ideia de que os objetos que compõem o mundo existem independentemente de qualquer interação (medição/observação) —o que parece claramente contradizer o postulado quântico, assumido como ponto de partida para a interpretação de Copenhague.

Tal comprometimento ontológico, presente na terminologia clássica, fora chamado por Howard (1994, p. 207) de "princípio da separabilidade", que seria uma nomenclatura abreviada de um princípio, atribuído a Einstein, que prevê a "existência mutuamente independente de coisas espacialmente distantes". Dessa maneira, a assunção da separabilidade seria necessária para a noção de independência ontológica. Para Einstein (1971, p. 169), a separabilidade seria a condição necessária para que conceitos físicos ou leis físicas fossem formuladas. Howard e Giovanelli (2019) e Krause (2010, p. 122) vão além e consideram que o realismo einsteiniano é o próprio princípio da separabilidade.

O princípio da separabilidade será tratado mais detalhadamente no capítulo 2. Por ora, limito-me a explicitar a forma como Bohr enuncia esse problema (bem como sua solução):

> A elucidação dos paradoxos da física atômica tem divulgado o fato de que a interação inevitável entre os objetos e os instrumentos de medição define um limite absoluto à possibilidade de falar de um comportamento de objetos atômicos que seja independente dos meios de observação. Estamos aqui diante de um problema epistemológico muito novo na filosofia natural, onde toda a descrição das experiências até agora tem sido baseada na suposição, já inerente às convenções comuns da linguagem, de que é possível distinguir claramente entre o comportamento dos

objetos e os meios de observação. Essa suposição não é apenas plenamente justificada por toda experiência cotidiana, mas constitui até mesmo toda a base da física clássica. [...] Como nós estamos tratando, porém, com fenômenos como processos atômicos individuais que, devido à sua própria natureza, são essencialmente determinados pela interação entre os objetos em questão e os instrumentos de medição necessários para a definição do arranjo experimental, somos, portanto, obrigados a examinar mais de perto a questão sobre o tipo de conhecimento que pode ser obtido em relação aos objetos. A este respeito, devemos, por um lado, perceber que o escopo de cada experimento físico —para adquirir conhecimento em condições reprodutíveis e transmissíveis— não nos deixa escolha a não ser usar conceitos cotidianos, talvez refinados pela terminologia da física clássica, não só em todos os relatos de construção e de manipulação dos instrumentos de medição, mas também na descrição dos resultados experimentais reais. Por outro lado, é igualmente importante entender que essa própria circunstância implica que nenhum resultado de um experimento relativo a um fenômeno, que, em princípio, está fora do alcance da física clássica, pode ser interpretado como provedor de informações sobre propriedades independentes dos objetos. (Bohr, 1938, p. 25–26).

O argumento da passagem citada acima é o seguinte: *(i)* a separabilidade deve ser abandonada em se tratando dos fenômenos quânticos; *(ii)* a assunção da independência —que pressupõe a separabilidade— é inerente ao modo clássico de descrição; *(iii)* para comunicar os resultados dos experimentos quânticos, de modo a evitar ambiguidades, a linguagem clássica deve ser utilizada; *(iv)* a linguagem clássica é fundada na assunção da independência que a teoria quântica nega.

Para Bohr, a utilização dos conceitos clássicos é necessária para que haja uma comunicação dos experimentos quânticos livre de ambiguidades. Tal

CAPÍTULO 1. QUESTÕES DE FUNDAMENTO

comunicação seria a base para aquilo que Bohr chama de objetividade: uma comunicação objetiva é uma comunicação livre de ambiguidades.

> Nossa tarefa deve ser responder pela experiência de um modo independente do julgamento subjetivo, individual, e, por conseguinte, objetivo na medida em que pode ser inequivocamente comunicada na linguagem humana comum. [...] é decisivo perceber que, por mais que os fenômenos ultrapassem o alcance da experiência comum, a descrição do arranjo experimental e o registro das observações deve ser baseada na linguagem comum. (Bohr, 1958a, p. 10–11).

De tal linha de raciocínio, segue-se que, para que haja objetividade na descrição dos experimentos quânticos, é necessária a assunção da independência ontológica tanto do instrumento de medição quanto do objeto quântico —e, por conseguinte, do princípio de separabilidade— visto que a linguagem clássica, necessária para a descrição objetiva dos fenômenos quânticos, é baseada em tais noções filosóficas.

Essa problemática se desdobra, para Faye (1991, p. 128–129) em dois pontos principais: *(i)* se o aparelho é clássico, o resultado deve ser clássico e *(ii)* a descrição é clássica, pois a natureza da noção de observação é clássica. O ponto *(i)* é caracterizado pelo seguinte argumento: o aparato escolhido para efetuar uma medição é constituído de um objeto macroscópico, cujo funcionamento é baseado inteiramente em leis clássicas, e os dados empíricos da medição fornecidos por tal aparelho devem ser entendidos de acordo com seu funcionamento, de modo que tais dados empíricos só podem ser descritos em termos dos conceitos clássicos. A fragilidade do ponto *(i)* é justamente sua contingência histórica, de modo que aparelhos mais avançados (menores) poderiam vir a descrever "quanticamente" um fenômeno quântico. Esse raciocínio também parece controverso, pois pressupõe que algum dia poderíamos perceber diretamente um aparelho quântico de medição —o que parece esbarrar nas próprias limitações da percepção humana.

O ponto *(ii)*, no entanto, parece ser mais fundamental. Para Faye (1991,

p. 127–129), a física clássica desenvolveu métodos para ordenar a experiência humana de uma forma objetiva. No mundo macroscópico é aparentemente possível conectar descrições causais com descrições espaço-temporais, da mesma forma que, aparentemente, é possível distinguir entre um sistema utilizado como instrumento para observação e um sistema a ser observado.

Assim, de acordo com essa perspectiva, a natureza da observação que ordena e estrutura nossa experiência humana cotidiana assim procede, sendo a única garantia de que tal experiência possa vir a ser considerada objetiva. É precisamente porque os conceitos clássicos se referem às formas de percepção, sobre as quais nós —enquanto sujeitos humanos— apreendemos o mundo exterior, que eles são indispensáveis para que a descrição de um fenômeno possa ser estruturada e comunicada de forma inteligível.

Da forma como Faye (1991) propõe, a distinção entre sujeito e objeto seria uma pré-condição para o conhecimento objetivo, isto é, um conhecimento que não seja dependente da visão do sujeito sobre um determinado objeto —o que seria possível somente em termos de uma descrição espaço-temporal e causal, de acordo com nossa percepção. Isso é notável se levarmos em consideração a redução de Bohr ([1928] 1983b, p. 89) do ato de medição às nossas percepções cotidianas. Ou ainda, da forma como Favrholdt (1994, p. 80) ilustra a situação, é "[...] porque somos seres macroscópicos, nossa linguagem é necessariamente adaptada ao mundo macroscópico". Bohr explicita a situação da seguinte maneira:

> A exigência de que seja possível comunicar os resultados experimentais, de uma forma inequívoca, implica que o arranjo experimental e os resultados da observação devem ser expressos na linguagem comum adaptada para nossa orientação no ambiente. Assim, a descrição de fenômenos quânticos exige uma distinção, em princípio, entre os objetos sob investigação e o aparelho de medição, por meio do qual as condições experimentais são definidas. (Bohr, 1958a, p. 78).

Capítulo 1. Questões de fundamento

A linguagem clássica seria então utilizada pela assunção da separabilidade que sua terminologia carrega, e justificada pela necessidade da comunicação objetiva dos experimentos quânticos. De acordo com Howard (1994, p. 209), não se trataria de uma contingência histórica, passível de ser superada por algum aprimoramento linguístico, mas justamente de uma necessidade metodológica.

O raciocínio segue da seguinte maneira: a separabilidade —clássica, do instrumento macroscópico— é condição necessária para que possamos dizer que um objeto quântico tem *tais e tais* propriedades bem definidas; isso não seria possível caso objeto e instrumento fossem inseparáveis ou ontologicamente interdependentes. Sem a separabilidade, não teríamos razões suficientes para justificar que consideramos os resultados das medições como relatos de propriedades intrínsecas do objeto. Notavelmente, Bohr enfatiza a necessidade de que a agência de medição seja considerada clássica —isto é, fora do alcance do postulado quântico (o referido "quantum de ação") e, portanto, separado ou independente— no que tange à comunicabilidade dos seus resultados:

> O novo recurso essencial na análise dos fenômenos quânticos é, no entanto, a introdução de uma distinção fundamental entre o aparelho de medição e os objetos sob investigação. Essa é uma consequência direta da necessidade de considerar as funções dos instrumentos de medição em termos puramente clássicos, excluindo, em princípio, qualquer relação com o quantum de ação. (Bohr, 1958b, p. 3–4).

Isso não significa, no entanto, que a ontologia da física clássica deva ser estendida à mecânica quântica como um todo. O postulado quântico mantém a implicação de que as variáveis complementares, ainda que descritas à maneira clássica, só podem ser aplicadas significativamente em relação a uma operação experimental e não —como pressupõe a ontologia clássica— a despeito de qualquer operação experimental. Isto significa que a complementaridade recusa qualquer descrição utilizada para indicar propriedades por trás dos fenômenos, existentes em si mesmos, inerentes e portadores de uma independência ontológica de qualquer operação experimental. Assim, a utilização da noção filosófica da separabilidade, implícita nos conceitos clássicos para a descrição dos fenômenos quânticos é limitada, de modo que não estende a ontologia clássica para os objetos quânticos. Da forma como diz Faye, a teoria quântica e a teoria clássica devem ser "comensuráveis", num sentido kuhniano, no que diz respeito ao seu significado empírico.:

> As duas teorias podem ser baseadas em suposições amplamente divergentes a respeito de determinados aspectos da realidade física e, portanto, as teorias podem envolver diferentes compromissos ontológicos, mas o conteúdo empírico da linguagem na qual estes pressupostos são expressos é o mesmo ou é similar. (Faye, 1991, p. 118).

Ao que parece, há aqui em jogo uma noção semântica na qual o uso dos conceitos da física clássica é necessário para uma descrição exaustiva (ou seja, completa) da realidade física que, de acordo com Faye (1991), implicaria restrição do domínio de aplicabilidade dos conceitos clássicos e não no seu abandono, uma vez que, para que os conceitos clássicos possam ser aplicados à descrição quântica, o significado de tais conceitos clássicos deve ser compatível com a teoria quântica.

Essa passagem parece sugerir que Bohr contrastaria com a posição historicista da ciência que que a teoria quântica seria uma superação da mecânica clássica, de modo que as duas teorias seriam incomensuráveis, isto é, totalmente incompatíveis. Bohr chama esse princípio metodológico de princípio da correspondência, cuja formulação é enunciada da seguinte maneira:

> A necessidade de fazer um uso extensivo [...] dos conceitos clássicos, sobre a qual a interpretação de toda a experiência em última análise depende, deu origem à formulação do chamado princípio da correspondência, que expressa nossos esforços de utilizar todos os conceitos clássicos ao atribuir-lhes uma re-interpretação teórico-quântica adequada. (Bohr, 1961, p. 8).

Capítulo 1. Questões de fundamento

A visão comum sobre a interpretação de Copenhague seria a de relegar às agências de medição um comportamento inteiramente clássico, isto é, considerar que as agências de medição (frequentemente um aparelho) são um objeto macroscópico e, portanto, para todos os efeitos, clássico. Isso fica explícito na seguinte passagem de Bohr:

> Em arranjos experimentais reais, o cumprimento de tais exigências [de uma descrição inequívoca do aparelho e dos resultados da medição] é assegurada pelo uso, como aparelho medidor, de corpos rígidos suficientemente pesados que permitam uma descrição totalmente clássica das relativas posições e velocidades. (Bohr, 1958b, p. 3).

Tal interpretação comum, que concebe o aparelho de medição como inteiramente clássico, é chamada por Howard (1994, p. 210) de "interpretação coincidente" e afirma que a divisão clássica/quântica coincide com a divisão aparelho medidor/objeto medido. Nela, o critério para delinear os limites do mundo clássico para o mundo quântico seria o "tamanho" do aparelho medidor que, por se tratar de um objeto macroscópico, deveria pertencer ao mundo clássico.

De fato, o argumento do "tamanho" do objeto de medição é apenas uma das características da interpretação coincidente. Outra característica, igualmente importante, seria a irreversibilidade dos efeitos ampliados pelos instrumentos medidores. Uma das características dos objetos quânticos é sua reversibilidade no tempo —uma propriedade que não é observada nos macrocorpos. Nos últimos, a característica observada é sua irreversibilidade, ou seja, a duração ou permanência dos efeitos nos objetos. No entanto, optarei por apresentar o argumento de Howard (1994) frente à chamada interpretação coincidente da complementaridade de Bohr apenas com o primeiro aspecto, do "tamanho" do aparelho medidor pelas consequências filosóficas que tal argumento desencadeará nos capítulos seguintes no que tange ao problema do macrorrealismo ou macroobjetivismo (d'Espagnat, 1999, p. 235–237).

53

A interpretação coincidente desencadearia, no entanto, uma série de problemas filosóficos como, por exemplo, a introdução de um dualismo na ontologia do processo de medição, uma vez que os objetos contidos na ontologia clássica (no caso, os aparelhos medidores) devem interagir fisicamente com os objetos contidos na ontologia quântica (no caso, os objetos quânticos) ao passo que pertençam a teorias físicas fundamentalmente diferentes. Uma séria inconsistência, relacionada indiretamente à problemática da interpretação coincidente, seria a descontinuidade introduzida na teoria pelo postulado quântico da forma como Bohr enuncia na seguinte passagem:

> De acordo com a teoria quântica, a impossibilidade de ignorar a interação com o mecanismo de medição significa que cada observação introduz um novo elemento incontrolável. Na verdade, isto decorre das considerações expostas de que a medição das coordenadas de posição de uma partícula é acompanhada não só por uma mudança finita nas variáveis dinâmicas, mas também a fixação de sua posição significa uma ruptura completa na descrição causal de seu comportamento dinâmico, enquanto que a determinação de seu momento implica sempre uma lacuna no conhecimento de sua propagação espacial. Essa situação realça de forma notável o caráter complementar da descrição dos fenômenos atômicos, que surge como uma consequência inevitável da oposição entre o postulado quântico e a distinção entre o objeto e a agência de medição, inerente à nossa própria ideia de observação. (Bohr, [1928] 1983b, p. 103).

Essa "ruptura" ou "lacuna" parece ser uma dentre as mais sérias dificuldades filosóficas da posição de Bohr.

Tal dificuldade é agravada da forma como Bohr (1961, p. 11) enuncia em outro momento: "a magnitude do distúrbio causado pela medição é sempre desconhecida". Da forma como enunciada, a descontinuidade implícita no processo de medição, de acordo com Jammer (1974, p. 99) "não seria considerada como o resultado da troca de uma descrição para seu modo com-

CAPÍTULO 1. QUESTÕES DE FUNDAMENTO

plementar, mas como o resultado de uma propriedade física operacional".
A situação se torna ainda mais problemática, caso levarmos em consideração a afirmação, de cunho essencialmente ontológico, de Bohr, de que não
se deve atribuir uma *realidade independente* aos objetos quânticos fora do seu
contexto operacional. Essa dificuldade dá margem ao famoso problema da
medição quântica.

O problema da medição será analisado em detalhe nos capítulos seguintes, e é a inconsistência mais séria daquilo que se entende por interpretação de Copenhague. Deixarei a análise e discussão dessa problemática para
os capítulos seguintes. Por ora, me aterei ao delineamento dos termos que
serão utilizados para a discussão subsequente acerca de tal problema. Pelo
que foi considerado aqui, parece seguro delinear uma definição para o termo
"complementaridade" de acordo com a seguinte notação de Jammer:

> Uma determinada teoria T admite uma interpretação de com-
> plementaridade se as seguintes condições forem satisfeitas: (1)
> T contém (ao menos) duas descrições D_1 e D_2, de seu conteúdo;
> (2) D_1 e D_2, referem-se ao mesmo universo de discurso U (no
> caso de Bohr, a microfísica); (3) nem D_1 nem D_2, se tomados in-
> dividualmente, respondem exaustivamente todos os fenômenos
> de U; (4) D_1 e D_2 são mutuamente exclusivos, no sentido de que
> a sua combinação numa única descrição engendraria contradi-
> ções lógicas. (Jammer, 1974, p. 104).

Os pontos (1) a (3) são equivalentes a uma descrição sucinta daquilo que foi
exposto até aqui. O ponto (4), no entanto, merece atenção, uma vez que dele
emerge um problema de ordem lógica.

O termo "complementaridade" se refere também à incompatibilidade
dos modos clássicos de descrição quando há a tentativa de que sua combinação leve a um único modo de descrição para os fenômenos quânticos.
No entanto, em lógica clássica, a conjunção de duas fórmulas verdadeiras
é também uma fórmula válida, de modo que D_1 e D_2 (no caso da complementaridade aplicada à teoria quântica, correspondendo respectivamente

CONSCIÊNCIA E MECÂNICA QUÂNTICA

às descrições ondulatórias e corpusculares dos objetos quânticos) são formas válidas. Sendo assim, sua combinação também deveria ser válida. Portanto, como apontam da Costa e Krause:

> [...] se α e β são as duas teses ou teoremas de uma teoria (fundada na lógica clássica), então $\alpha \wedge \beta$ também é uma tese (ou um teorema) dessa teoria. Isto é o que entendemos intuitivamente quando dizemos que, com base na lógica clássica, uma proposição "verdadeira" não pode "excluir" outra proposição "verdadeira". [...] Isso corresponde ao fato de que, em lógica clássica, se α é consequência de um conjunto de afirmações Δ e β é também uma consequência de Δ, então $\alpha \wedge \beta$ (α e β) é também uma consequência do Δ. Se β é a negação de α (ou vice-versa), então essa regra implica que a partir do conjunto de fórmulas Δ deduzimos uma contradição $\alpha \wedge \neg\alpha$ (ou $\neg\beta \wedge \beta$). Além disso, quando α e β são incompatíveis em algum sentido, $\alpha \wedge \beta$ constitui uma impossibilidade. (da Costa e Krause, 2006, p. 107).

Isso indica que a noção de complementaridade formulada por Bohr poderia encontrar dificuldades, caso a lógica clássica seja utilizada como a linguagem subjacente da teoria, visto que, da forma como enunciado, o conceito de "complementaridade" levaria a uma contradição —o que tornaria o conceito inconsistente. Para da Costa e Krause (2006, p. 112), talvez a única solução para tal problema seria a modificação da lógica subjacente na linguagem da complementaridade para um sistema no qual uma contradição estrita (tal como $\alpha \wedge \neg\alpha$) não seria deduzida dos pares complementares, ou seja, da fórmula $\alpha \wedge \beta$ (sob as condições expostas acima, respectivamente correspondentes às variáveis D_1 e D_2). Para uma breve formulação de uma lógica desse tipo, ver da Costa e Krause (2006, p. 112–116). Não me comprometerei aqui com um sistema lógico em particular, mas me limitarei à exposição dos problemas que surgem ao utilizar o raciocínio clássico (lógico e físico) para a mecânica quântica. A discussão em torno desse ponto se estenderá nos capítulos seguintes.

CAPÍTULO 1. QUESTÕES DE FUNDAMENTO

A despeito de todas as dificuldades que, como vimos, a interpretação de Copenhague apresenta, procurei até aqui precisar uma definição desse conceito para que possamos discutir adiante sobre o problema da medição. No entanto, tal definição não terá precisão arbitrariamente grande na medida em que (1), como já disse anteriormente, o próprio Bohr não delineou uma definição precisa e nem mesmo os comentadores apresentam consenso sobre a complementaridade de Bohr; assim, é possível interpretá-la desde uma concepção antirrealista (sendo essa a maneira tradicional) até uma concepção *realista* acerca da mecânica quântica.

Como exemplo de uma leitura que endossa o antirrealismo de Bohr, pode-se referir a obra de Faye (1991). Já a obra de Folse (1985) oferece, em contraponto, uma leitura realista dos escritos de Bohr. O debate entre Faye e Folse acerca da postura de Bohr quanto ao realismo científico pode ser encontrado em Faye (1994) e Folse (1994). A discussão acerca do último ponto será realizada no capítulo 2 sob a ótica do posicionamento de Bohr sobre as críticas de incompletude de sua interpretação. Sobre o primeiro ponto, talvez o mais próximo de uma definição que Bohr (1961, p. 10) chega é que o postulado quântico nos obriga a adotar um novo modo de descrição descrita como complementar.

Assim, para que eu possa prosseguir com a discussão, adotarei, por ora, para fins práticos, essa definição (ainda que incompleta) que Bohr oferece sobre a complementaridade: tenha em mente essa definição em todas as ocorrências de tal termo neste livro.

1.3 Uma interpretação fragmentada

Com o arcabouço conceitual exposto até então, é oportuno discutir sobre as diferenças filosóficas dos considerados principais autores daquilo que se entende por interpretação de Copenhague. Ainda que uma análise exaustiva acerca do debate filosófico entre os dois autores esteja fora do escopo deste livro, apontarei algumas considerações notáveis sobre determinados aspectos de suas divergências.

Um dos pontos essenciais dentre as (diversas) diferenças filosóficas entre Heisenberg e Bohr seria, para Camilleri (2007, p. 521), o fato de que, por um lado, Heisenberg enfatiza a necessidade do entendimento do significado do formalismo da teoria quântica enquanto, por outro lado, Bohr enfatiza a necessidade de uma descrição completa dos fenômenos quânticos. Assim, como uma forma preliminar, podemos discutir a diferença entre Heisenberg e Bohr acerca da delineação dos limites da teoria e da interpretação da mecânica quântica.

Para Heisenberg, o formalismo matemático da teoria deveria ser suficientemente elaborado para que pudesse ser feita uma descrição exaustiva dos fenômenos, pois sua concepção era a de que não existiria algo que não pudesse ser expresso de acordo com uma formulação matemática —o que, como aponta Heisenberg, não seria o caso para Bohr:

> [...] a clareza matemática não tinha em si qualquer virtude para Bohr. Ele temia que a estrutura matemática formal fosse obscurecer o núcleo físico do problema, e, em qualquer caso, ele estava convencido de que uma explicação física completa deve absolutamente preceder a formulação matemática. (Heisenberg, 1967, p. 98).

Tal controvérsia se daria somente no plano da ordenação ou "precedência" dos conceitos; a discussão acerca da importância e do alcance, tanto do formalismo quanto da interpretação da teoria quântica, não seria, de acordo com Jammer (1974, p. 67), o aspecto central do debate entre Bohr e Heisenberg em relação à interpretação das relações de indeterminação. A chave de leitura para a compreensão desse debate seria, portanto, a diferença no ponto de partida escolhido por cada autor: ao passo que Heisenberg partiria do formalismo, o ponto de partida da interpretação de Bohr acerca das relações seria, de acordo com Jammer (1974, p. 66–69), a dualidade onda-partícula —isto é, a impossibilidade de reduzir a descrição dos objetos quânticos aos aspectos exclusivamente corpusculares ou ondulatórios, visto que ambas as formas são encontradas nos experimentos quânticos.

CAPÍTULO 1. QUESTÕES DE FUNDAMENTO

Bohr haveria encontrado indicações de que o argumento de Heisenberg conectaria descrições de partículas com descrições de ondas que, assim, "pressupõem implicitamente a dualidade onda-partícula".[9] De fato, como enfatiza Chibeni (2005, p. 15), o experimento mental do microscópio de raios gama pressupõe uma ontologia de partículas enquanto utiliza, ao mesmo tempo, conceitos ondulatórios (como uma função de onda) para a representação matemática dos objetos quânticos.

Outro argumento apresentado em Jammer (1974, p. 69), seria o de que, originalmente, quaisquer derivações das relações de Heisenberg a partir dos experimentos mentais (como o do microscópio de raios gama) precisariam utilizar as equações de Einstein–de Broglie, que conectam descrições da física de partículas com a física ondulatória. No entanto, considero que os argumentos anteriores, sem a necessidade de adentrar numa discussão acerca do formalismo da teoria quântica, são suficientes para expor o ponto de vista de Bohr.

Heisenberg e Bohr concordavam com o fato de que a interpretação da teoria quântica deveria utilizar a terminologia da física clássica. No entanto, ao passo que Heisenberg afirmava a insuficiência dos termos da física de ondas ou da física de partículas para uma explicação completa dos fenômenos quânticos —insuficiência essa expressa nas próprias relações de indeterminação—, Bohr afirmava a necessidade do uso de ambas as teorias. Para Bohr, no entanto, o significado do termo 'explicação' deveria ser revisado.

Em seu sentido clássico, uma explicação seria um modo único, suficiente, para o esgotamento da descrição de um objeto. Segundo Bohr (1961, p. 15–16), essa acepção do termo seria empregada por Heisenberg ao afirmar que um esquema matemático seria mais adequado para a explicação dos fenômenos quânticos do que uma ressignificação dos conceitos clássi-

---

[9] Ainda que a dualidade onda-partícula seja um aspecto central dos fundamentos da mecânica quântica, optei por não abordá-lo neste livro, visto que essa problemática recai na questão sobre a linguagem a ser utilizada para uma descrição dos fenômenos quânticos. Para uma abordagem centrada na problemática da assim chamada *dualidade onda-partícula*, consulte Pessoa Jr. (2019a,b).

cos (quer sejam da física de partículas ou da física ondulatória) já utilizados para a descrição dos objetos quânticos. Contrariamente, Bohr (1961, p. 96) define uma nova acepção do termo explicação afirmando que "devemos, em geral, estar preparados para aceitar o fato de que uma elucidação completa do mesmo e único objeto pode requerer diversos pontos de vista que desafiam uma descrição única", em que os "diversos pontos de vista" seriam os aspectos complementares da descrição quântica.

A questão do distúrbio descontínuo do ato da medição seria uma indicação da impossibilidade de definição simultânea das propriedades observáveis de um objeto quântico, ou seja, de um modo único de explicação para os fenômenos quânticos. Dito de outra forma, o indeterminismo expresso pelas relações de Heisenberg, para Bohr, seria um exemplo matemático da ruptura ou descontinuidade própria do ato de medição, o que obrigaria a formulação de pontos de vista diversos, complementares, para uma descrição exaustiva do objeto quântico —a linguagem de tal descrição deve permanecer, de acordo com a operação experimental (complementar) em questão, na terminologia clássica—, sendo a indeterminação expressa pelas relações de Heisenberg, o preço a se pagar, caso haja a tentativa de aplicação simultânea dos termos clássicos mutuamente exclusivos.

Como se percebe, a descontinuidade implícita nos processos de medição é um fator chave para que eu possa delinear algumas das divergências filosóficas fundamentais entre Heisenberg e Bohr.

Enquanto para Heisenberg tal descontinuidade seria expressa através de uma formulação matemática, sob a nomenclatura de "redução do pacote de onda",[10] para Bohr, a situação seria totalmente diferente. Na medida em que Bohr não considera que o formalismo matemático da teoria quântica tenha um significado por si —ou seja, considera que o formalismo precisa ser interpretado— ou mesmo que represente algo real no sentido físico do termo, o problema implicado pela chamada redução do pacote de onda

---

[10] Que futuramente ficou conhecida como o "colapso". Tratarei desse assunto nos próximos capítulos.

CAPÍTULO 1. QUESTÕES DE FUNDAMENTO

não seria um problema, caso fosse uma noção limitada ao formalismo em si mesmo.

Talvez esse seja o motivo pelo qual Folse (1994) considere Bohr um antir-realista quando diz respeito às teorias, isto é, ao formalismo, e um realista no que tange às entidades empíricas, na medida em que considera um objeto quântico uma entidade real (quando observada). Assim, o problema da medição (cuja contrapartida no formalismo seria a própria noção de redução do pacote de ondas, na terminologia de Heisenberg) parece ainda se aplicar na interpretação de Bohr, visto que a ruptura implícita no ato de medição é algo que se mantém.

De acordo com Camilleri (2007, p. 522), essa diferença da precedência do formalismo matemático implica maneiras diferentes de visualizar o pró-prio problema da descontinuidade referido acima (o que ele chama de "o paradoxo implícito da mecânica quântica"). Pois, se Heisenberg define um sistema quântico nos termos de uma fórmula matemática, como uma fun-ção de onda, essa definição independe da experimentação. Ainda que não se possa atribuir realidade física à função de onda (pelo princípio de *medi-ção=criação*), essa representação seria aplicável para a descrição de um objeto quântico em termos de propensões ou possibilidades. Heisenberg ([1958] 1995, p. 53) enfatiza que essa realidade se daria num plano potencial —em contraste ao plano atual dos fenômenos empíricos—, remontando ao pen-samento aristotélico de potência e ato[11]

Por outro lado, a definição de um sistema quântico, independentemente de sua relação com um contexto operacional, não teria significado na semân-tica de Bohr, que busca na própria experimentação as condições de possi-bilidade de definição dos objetos quânticos. Assim, ao passo em que para Heisenberg a descontinuidade é fruto de um distúrbio interacional entre a agência de medição e o objeto quântico medido, Bohr enfatiza que tal des-continuidade seria uma limitação na definibilidade, e não um distúrbio fí-sico.

Ainda assim, a tese de que ocorre um distúrbio físico aparece dentre as

---

[11] Ver d'Espagnat (1999, p. 257–258) e Heisenberg ([1958] 1995).

teses principais da interpretação de Copenhague. Pessoa Jr. (2019a, p. 87–98) elenca, em dez tópicos, as principais teses atribuídas àquilo que se chama de "interpretação ortodoxa", dos quais sublinharei apenas um: o distúrbio interacional, que afirma que há uma interação física entre o objeto observado e a agência de medição que observa tal objeto.

Esse ponto é uma das vias para se chegar ao problema da medição, motivo pelo qual a interpretação de Copenhague foi duramente criticada nos anos 1930, sob a acusação de incompletude. No capítulo 2, analisarei os debates sobre a completude da mecânica quântica, enfatizando o comprometimento ontológico dos pontos de vista de Einstein e Bohr em relação ao distúrbio interacional e ao problema da medição.

Procurei, neste capítulo, esboçar alguns pontos centrais da interpretação de Copenhague, bem como seus aspectos filosoficamente problemáticos. Devo enfatizar que de modo algum busco aqui uma descrição exaustiva dos conceitos de indeterminação e complementaridade, mas meramente uma definição para possibilitar a discussão feita nos capítulos seguintes. Na realidade, uma descrição completa de tais conceitos —especialmente a noção de complementaridade— não é uma tarefa fácil: conforme aponta Jammer (1974, p. 88) nem mesmo os interlocutores contemporâneos a Bohr foram capazes de compreender completamente sua interpretação da teoria quântica. Como procurei evidenciar ao longo deste capítulo, grande parte de tal deficiência se dá pelo fato de que Bohr jamais teria oferecido uma descrição formal para a noção de medição, apesar de ser uma noção central em suas ideias.

Com o que foi exposto até aqui, poderemos entender melhor alguns aspectos filosóficos nos fundamentos da mecânica quântica, especificamente do conceito de medição. Destaco como a interpretação de Copenhague oferece uma visão de mundo bastante contraintuitiva em relação à nossa percepção ordinária da realidade à nossa volta, principalmente no que diz respeito à suposição —ou até mesmo à certeza— ontológica da existência independente dos objetos que compõem o mundo à nossa volta e do determinismo causal implícito na linearidade dos eventos que experienciamos cotidianamente. No capítulo 2, analiso em detalhes o debate entre Einstein e Bohr, que suscitou diversas questões filosóficas acerca da problemática da medição.

Capítulo 2

Visões de mundo em conflito

Neste capítulo, analisarei um dos debates filosóficos centrais no que se refere às questões de princípios ou fundamentos da mecânica quântica, especificamente em relação ao debate entre Bohr e Einstein. Saliento que as pressuposições ontológicas de ambos os autores, que se mostrarão claras ao longo do debate aqui proposto, são fundamentais para a compreensão de tal debate; da mesma forma, são fundamentais para compreender o momento em que se insere o problema da medição quântica, que será discutido detalhadamente no capítulo 3.

Para tanto, caracterizo os termos utilizados, procurando, inicialmente, destacar de que modo uma questão concernente à interpretação da mecânica quântica se insere na problemática filosófica. Em seguida, busco uma definição para o termo *ontologia* que utilizarei ao longo do texto, o que me permitirá adentrar nos aspectos ontológicos do debate entre Bohr e Einstein, a fim de especificar os pressupostos ontológicos por detrás da argumentação de cada autor. Assim, será possível delinear a questão da medição quântica como um debate essencialmente filosófico. Com o advento da mecânica quântica, principalmente no final dos anos 1920, a preocupação acerca dos fundamentos da realidade —fundamentos conceitualmente formados no modelo da física clássica— emergiu da própria comunidade física, instigando debates acerca das implicações ontológicas da mecânica quântica.

A noção de "crise" apresentada na obra de Kuhn ([1962] 2013, p. 119–120) parece refletir a problemática que surge com o advento da teoria quântica no século XX. A revisão paradigmática que a mecânica quântica propõe no terreno da física pode ser abordada por diversos aspectos. Limito-me, aqui, a discutir aquilo que, na teoria kuhniana, constitui as diferenças "substanciais", ou seja, as diferenças ontológicas num sentido de diferentes "mobiliários do mundo". Segundo Preston (2008, p. 56), paradigmas sucessivos "[...] envolvem diferentes ontologias como por exemplo, diferentes listas dos tipos de objetos que o mundo contém". Nesse sentido, analiso a problemática de visualizar a concepção da mecânica quântica sob a ótica da física clássica como ontológica.

Para compreender um pouco melhor o recorte aqui proposto, assumirei uma distinção utilizada por Cushing (1994, p. 9), ainda que grosseira, entre *formalismo* e *interpretação*, segundo a qual o formalismo é o cálculo simbólico utilizado para fazer predições teóricas e experimentais, enquanto a interpretação seria "[...] a história correspondente ao mobiliário do mundo —uma ontologia)". Como a relação entre ontologia e interpretação não é trivial, tomarei um breve desvio por assunto antes de prosseguir. As questões sobre os limites entre teoria e interpretação certamente são muito mais complexas do que a que indiquei aqui.[1] Na verdade, há quem argumente que essa fronteira é equivocada: Muller (1997b, p. 244), por exemplo, diz que a "distinção formalismo/interpretação" pode "descansar em paz" (ver também Muller, 1997a, 1999).

Seja como for, um formalismo puramente matemático não deve conseguir descrever os fenômenos físicos da mecânica quântica, motivo pelo qual aquilo que entende-se por mecânica quântica deve ser mais do que um formalismo puro (ver Arroyo e da Silva, 2022a; Muller, 2015).[2] Deve haver, portanto, um componente ontológico da física para que a mecânica quân-

---

[1] Ver, por exemplo, Arenhart e Arroyo (2023), Arroyo (2020), Arroyo e da Silva (2022a) e Maudlin (1995).

[2] Mas compare com os problemas apontados em Arenhart e Arroyo (2023).

CAPÍTULO 2. VISÕES DE MUNDO EM CONFLITO

tica possa ser dotada de —no mínimo— adequação empírica (ver van Fraassen, 1980). Por exemplo, o compromisso com estados quânticos, e outros objetos físicos *e.g.* elétrons. Isso parece ir além do que um formalismo matemático *e.g.*, a álgebra linear, indica e/ou se compromete. Assim, quando uma teoria científica começa a se questionar sobre "como é o mundo" —ou como o mundo *poderia ser*— caso tal teoria fosse verdadeira, ela começa a se preocupar com aquilo que van Fraassen (1991, p. 242) chamou de "questão de interpretação" (ver também Ruetsche, 2015). Questões sobre o status ontológico da descrição quântica —indissociáveis, como vimos, da noção de medição conforme a concepção tradicional— são questões interpretativas, e vice-versa. Reiterando, tal distinção é um terreno pantanoso: por vezes tomada como garantida (*e.g.*, French, 2013, p. 78, nota. 3); por outras vezes, totalmente negligeciada (Ruetsche, 2018, p. 294). Ainda assim, a distinção oferecida por Cushing (1994, p. 9) deve bastar para uma aproximação inicial ao tema.

Desse modo, assumo que o debate em relação à interpretação do formalismo da teoria quântica se trata de um debate filosófico, especificamente ontológico, na medida em que lida com as entidades que compõem o mundo —entidades essas dadas pela teoria, isto é, pelo debate teórico (científico). Portanto, os dois momentos do debate acerca da mecânica quântica (filosófico e científico) configuram instâncias diversas, por mais que estejam intrinsecamente conectados entre si.

Ainda assim, enfatizo que minha discussão se limitará, neste livro, aos aspectos filosóficos, especificamente ontológicos do debate. Para me referir ao debate ontológico de uma teoria física, é preciso antes categorizar o termo "ontologia". Procurarei delinear brevemente uma definição para esse termo, que usarei ao longo deste livro.

2.1 As ontologias da ciência e a ontologia do mundo

Hofweber (2023) elencou, dentre os principais usos na história da filosofia, quatro principais sentidos ou acepções do termo "ontologia", dos quais seleciono, para o propósito da discussão, apenas dois. São eles: o estudo acerca do que há, que chamarei de $\mathcal{O}_T$, e o estudo do comprometimento ontológico, que chamarei de $\mathcal{O}_N$.

O sentido $\mathcal{O}_T$ é comumente chamado sentido *tradicional* do termo "ontologia", o que remete às discussões, desde Aristóteles, acerca de uma "filosofia primeira" cuja parte central seria a ontologia. Assim, o sentido $\mathcal{O}_T$, ou tradicional, carrega a pressuposição de ser *a única* ontologia, isto é, a descrição mais geral do ser enquanto ser *assim como ele é*.

Diferentemente, ao mencionar o sentido $\mathcal{O}_N$, ou *naturalizado*, tem-se implícito, principalmente, o pensamento de Quine (1966), no qual me apoio para me referir à existência de entidades, através da linguagem utilizada para descrever as teorias científicas, o que se torna explícito quando as sentenças são trazidas para uma linguagem formal.

Conforme argumentado por Russell ([1905] 1974), algumas expressões linguísticas envolvem quantificação existencial. Por exemplo, a frase "um objeto quântico" carrega, implicitamente, o sentido: "existe algo tal que esse algo é um objeto quântico". Como observou Davidson (1980), até mesmo sentenças de ação pressupõem o quantificador existencial ($\exists$); assim, se o termo "ontologia" for entendido no sentido $\mathcal{O}_N$, pode-se dizer que uma sentença como "uma medição efetuada sobre um elétron" compromete-se com a existência de uma entidade subatômica.

Se a linguagem de uma teoria traz consigo um comprometimento racional com a existência de uma entidade, pode-se dizer que a teoria se compromete ontologicamente com essa entidade. É importante notar que tal afirmação não diz qual ontologia é correta, mas diz como o comprometimento ontológico com certas entidades ocorre —e, portanto, com uma ontologia

Capítulo 2. Visões de mundo em conflito

num sentido $\mathcal{O}_T$ que as suporte. É nesse sentido que Quine (1966, p. 66) expressa sua máxima: "[...] ser é ser o valor de uma variável".

É interessante fazermos uma pausa aqui e chamar a atenção para uma questão delicada. A máxima Quineana poderia ser interpretada de modo a considerar que as variáveis em questão seriam variáveis dentro da linguagem da lógica clássica, exclusivamente. No entanto, conforme procurei expor no capítulo anterior, podem existir dificuldades no caso de considerar a lógica clássica como a única lógica adequada para o pleno entendimento da totalidade dos fenômenos e problemas da mecânica quântica —tese com a qual não compartilho.

Diante essa problemática, diversos apontamentos acerca de quais desses princípios da lógica clássica podem ser revisados para a mecânica quântica foram formulados: (i) o princípio de não contradição, da forma como sugerem Cattaneo, Dalla Chiara, Giuntini e Paoli (2009, p. 127–226); (ii) o princípio do terceiro excluído,[3] conforme sugere Heisenberg ([1958] 1995, p. 131); (iii) a lei de distributividade, da forma como sugerem Birkhoff e von Neumann (1936). Não discutirei aqui qual dos sistemas lógicos não clássicos seria o mais adequado ao contexto da mecânica quântica (nem mesmo compartilho da ideia de que a lógica clássica seja *inadequada* para a mecânica quântica), isto é, não me comprometo com algum sistema não clássico em particular.

Ao invés disso, me aterei à posição de da Costa, Krause e Bueno (2007, p. 757), para os quais outras lógicas *podem ajudar* na compreensão de certos aspectos da realidade quântica que não são facilmente explicáveis quando tratadas à maneira da lógica clássica, diferentemente das posições normativas de que a lógica da mecânica quântica não deve ser a lógica clássica. Embora seja de difícil caracterização, é possível esboçar uma descrição do paradigma lógico-clássico. Quando utilizo o termo "lógica não clássica", tenho em mente precisamente uma lógica pautada pelos princípios de *identidade, terceiro excluído* e *não contradição* —o que equivaleria àquilo que da Costa (1980, p. 8) chama de "grande lógica". Ainda assim, pode haver lógi-

---

[3] Na referida tradução, traduzido como "princípio do terço excluído".

cas não clássicas que conservem os princípios supracitados. Uma discussão aprofundada sobre esse assunto pode ser encontrada em da Costa (1993).

Da forma como procurei enfatizar no capítulo anterior, a complementaridade de Bohr seria um dos casos em que uma lógica não clássica ajudaria significativamente na compreensão dos conceitos envolvidos. Assim, visto que considero a possibilidade da utilização de sistemas lógicos não clássicos para a interpretação da mecânica quântica, adoto aqui a relativização do princípio de Quine, proposta por da Costa (2002, p. 284): "penso que ser é ser o valor de uma variável em uma dada linguagem com uma determinada lógica".

Feitas tais considerações acerca da lógica subjacente, retornei à questão dos dois sentidos para a ontologia. À primeira vista, os sentidos $\mathcal{O}_T$ e $\mathcal{O}_N$ do termo "ontologia" são excludentes. No entanto, tomarei a posição de Arenhart e Krause (2012), que compatibilizam as duas acepções do termo, no preciso sentido em que $\mathcal{O}_N$ não implica aquilo que de fato existe ou não, mas somente as entidades com as quais as teorias científicas se comprometem. Desse modo, pode-se dizer que, se o sentido $\mathcal{O}_N$ está diretamente associado a uma ou outra teoria científica, então depende de aspectos da investigação empírica. Assim, se de $\mathcal{O}_N$ resulta que certos pressupostos implicam no comprometimento ontológico com certo tipo de entidade, deve-se ou aceitar uma resposta para uma questão do tipo $\mathcal{O}_T$ acerca de tal entidade ou revisar tais pressupostos filosóficos.

Dito de outro modo, o estudo da ontologia associada a uma teoria científica, num sentido $\mathcal{O}_N$, isto é, a análise sobre os objetos que compõem o mundo adotados por essa teoria, não exclui a possibilidade da formulação de uma ontologia num sentido $\mathcal{O}_T$ baseado no mobiliário ontológico que a teoria fornece. Assim, por mais que os dois sentidos mencionados não sejam excludentes, no que tange aos propósitos da presente análise, basta dizer que assumo, da mesma forma que Arenhart e Krause (2012, p. 48), que "é legítimo investigar a ontologia de uma teoria (ou associada a uma teoria)" —num sentido localizado e descritivo, conforme explicitado anteriormente no sentido $\mathcal{O}_N$, de modo que não tratarei aqui uma ontologia num sentido $\mathcal{O}_T$ —ainda que o capítulo 5 traga algumas considerações a respeito de $\mathcal{O}_T$.

Por fim, é oportuno enfatizar que não utilizo o termo *metafísica*. Me alinho com uma tendência recente na metafísica analítica, seguindo autores tais como Arenhart (2012), Hofweber (2016), Tahko (2015), Thomson-Jones (2017), Arroyo e Arenhart (2019) e Arenhart e Arroyo (2021a), para quem a ontologia trata de questões relativas à *existência* de certas entidades, enquanto a *metafísica* ou perfil metafísico trata sobre questões relativas à *natureza* de tais entidades. Este capítulo trata exclusivamente da ontologia da mecânica quântica, portanto, de $\mathcal{O}_N$.

Em suma, pode-se classificar a terminologia apresentada aqui da seguinte maneira: $\mathcal{O}_T$ diz o que há, de fato, no mundo em que você e eu vivemos; $\mathcal{O}_N$ diz o que há *modulo* uma teoria científica em questão; e a tese do realismo científico é a correspondência de $\mathcal{O}_N$ em $\mathcal{O}_T$.

Neste capítulo, argumentarei que o cerne do debate entre interpretações da teoria quântica estaria em uma concepção de realidade, do tipo $\mathcal{O}_T$, que seria um tipo de escolha filosófica feita por cada um de seus proponentes. Mais ainda, argumentarei que essa escolha tem implicações do tipo $\mathcal{O}_N$. Analiso, neste capítulo, o debate entre Bohr e Einstein para visualizar essa questão.

2.2   A realidade da mecânica quântica

As teses associadas à interpretação de Copenhague, analisadas no capítulo 1, foram por muito tempo consideradas uma atitude dominante entre os físicos. No entanto, Einstein nunca teria condescendido à atitude dessa interpretação frente aos pressupostos ontológicos $\mathcal{O}_N$ que ela carregava. Pode-se destacar suas reticências em relação ao indeterminismo implicado pelo princípio da indeterminação de Heisenberg e às considerações acerca da causalidade propostas pela complementaridade de Bohr, mas Einstein se opunha, sobretudo, à tese do *distúrbio interacional*. Isso pois Einstein teria preferências ontológicas $\mathcal{O}_T$ nas quais os estados não observados devem possuir propriedades bem definidas.

Vale recapitular que o argumento do distúrbio interacional afirma que há, em um processo de medição, uma interação física entre o objeto observado e a agência de medição que observa tal objeto. Tal argumento é considerado um argumento calcado na concepção *clássica*, na medida em que pressupõe princípio da *separabilidade* como $\mathcal{O}_T$. Isto é, o argumento pressupõe que todos os objetos especialmente distintos existem em distintos estados físicos. Dito de outro modo, um aparelho de medição só poderia perturbar um objeto que já esteja lá para ser perturbado. Essa afirmativa, como vimos no capítulo 1, parece indicar um compromisso com uma ideia essencialmente *clássica* de medição. No entanto, a interpretação de Copenhague afirma que, a princípio, o conhecimento empírico de tais estados é impossibilitado pelo postulado quântico. Assim, a afirmação do distúrbio interacional é confusa e abriu espaço para muitas críticas na década de 30. Dentre elas, e talvez a principal, viria por parte de Einstein.

Para alguns historiadores da física, como Jammer (1974, p. 120), o debate entre Bohr e Eintein seria "um dos grandes debates na história da física". Ademais, para Folse (1994, p. 126), o pensamento de Bohr só poderia ser considerado totalmente maduro após discussões estabelecidas com Einstein, principalmente no que diz respeito ao conceito de medição. Isto é, se antes de tal debate Bohr haveria endossado a tese do distúrbio interacional, depois dele, certamente, isso já não mais seria o caso. O debate entre Bohr e Einstein em relação à completude da mecânica quântica é um ótimo exemplo de como as diferenças numa ontologia $\mathcal{O}_N$ direcionam ou ao menos influenciam a concepção da interpretação da teoria quântica de cada autor.

Para visualizar essa tese, iniciarei com a análise do famoso artigo de Einstein, Podolsky e Rosen (1983, doravante abreviado como "EPR"). O artigo, redigido por Podolsky, questiona a atitude da interpretação de Copenhague frente à noção de medição, como busco analisar adiante.

De acordo com a interpretação de Copenhague, as propriedades dos objetos quânticos não teriam valores definidos simultaneamente, devido à im-

Capítulo 2. Visões de mundo em conflito

possibilidade da medição de tais quantidades. Ou seja, o estado de um objeto individual em qualquer tempo determinado não teria valores definidos para todas as suas quantidades físicas. Einstein, Podolsky e Rosen (1983) propõem um contraexemplo, mediante um experimento de pensamento (*Gedankenexperiment*), em que medições precisas e simultâneas *pudessem* de fato ser efetuadas sobre as propriedades observáveis.

Tal raciocínio é frequentemente referido sob a nomenclatura de paradoxo EPR. No entanto, seguirei a proposta de Jammer (1974, p. 187–188) de optar pelo termo *argumento EPR* visto que os próprios autores jamais consideraram sua tese como um paradoxo, nem no sentido medieval, de insolubilidade, nem no sentido moderno de uma antinomia sintática ou semântica. O primeiro autor a considerar o argumento EPR como paradoxal foi Schrödinger ([1935] 1983, p. 556) no sentido etimológico do termo *paradoxo*, isto é, no sentido de ser contrário à opinião corrente na medida em que o argumento EPR implicaria a renúncia do princípio de localidade, um princípio deveras intuitivo na época (e até mesmo nos dias de hoje), ou seja, favorável à opinião corrente.

Tratarei aqui do argumento conforme exposto por EPR, deixando de lado, portanto, formulações posteriores tal como a de Bohm (1951, p. 611–623). Outro aviso antes de prosseguirmos: não tratarei com profundidade da noção de "localidade"; antes, guio minha apresentação para um princípio ontológico ainda mais forte —do qual a noção de localidade é subsidiária— *viz.*, o princípio da separabilidade (ou princípio da existência independente).

O argumento EPR se baseia, de acordo com Jammer (1974, p. 184), em quatro premissas principais, em que as duas primeiras são formuladas, e as duas últimas são assumidas. Seguirei a reconstrução de Jammer (1974, p. 184), embora não seja a ordenação do artigo original de Einstein, Podolsky e Rosen (1983, p. 138). São elas:

1. *Critério de realidade:* os elementos de realidade física não podem ser determinados por considerações filosóficas *a priori*, mas têm de ser encontrados por meio de resultados experimentais e medições. "[...] Se,

sem perturbar de forma alguma um sistema, podemos prever com segurança (isto é, com uma probabilidade igual à unidade) o valor de uma quantidade física, então existe um elemento da realidade física correspondente a essa quantidade física" (Einstein, Podolsky e Rosen, 1983, p. 138).[4]

2. *Critério de completude:* uma teoria é completa se e somente se "[...] cada elemento da realidade física tem uma contrapartida na teoria física" (Einstein, Podolsky e Rosen, 1983, p. 138).

3. *Assunção da localidade:* se "no momento da medição de [...] dois sistemas que já não mais interagem, nenhuma mudança real pode ocorrer no segundo sistema em consequência de qualquer coisa que possa ser feito com o primeiro sistema" (Einstein, Podolsky e Rosen, 1983, p. 140).

4. *Assunção da validade:* "[...] as previsões estatísticas da mecânica quântica —na medida em que sejam relevantes para o argumento em si— são confirmadas pela experiência" (Jammer, 1974, p. 184).

É notável que a formulação do critério de realidade carrega pressuposições do tipo Θ_T, na medida em que considera a realidade física *algo* cuja existência espaço-temporal seja objetiva e independente. Esse tipo de pressuposição é frequentemente associada aos conceitos de *realidade física* da física clássica. De acordo com Jammer (1974, p. 184), a estrutura do argumento seria tal que, sob a base fornecida por 1), as assunções 3) e 4) implicariam que a mecânica quântica não satisfaria o critério 2), que é o critério de completude. Como um corolário, a descrição fornecida por tal teoria seria, então, incompleta.

Enunciados os critérios, passarei à análise do experimento de pensamento. Dois objetos quânticos individuais, *A* e *B*, separados espacialmente

---

[4] Comparar com a tradução de Pessoa Jr. em Lehner (2011, p. 213): "[s]e, sem de modo algum perturbar um sistema, pudermos prever com certeza (ou seja, com probabilidade igual à unidade) o valor de uma quantidade física, então existe um elemento de realidade física correspondente a essa quantidade física".

Capítulo 2. Visões de mundo em conflito

depois de interagirem um com o outro, seriam medidos. Devo enfatizar que estou tratando aqui do experimento mental clássico EPR, e não de suas reformulações mais recentes —tal como a de Bohm (1951).

De acordo com o entendimento de EPR, a mecânica quântica, conforme a interpretação de Copenhague, prevê que o sistema *I* perturba o sistema *II* de forma descontínua. Antes da medição, os observáveis *A* e *B* não possuiriam propriedades bem definidas e, após a medição em algum deles, uma quantidade física poderia ser determinada sobre o outro. E justamente essa seria a forma como operaria o princípio da indeterminação, segundo o qual o conhecimento pleno e simultâneo dos observáveis *A* e *B* não seria possível, visto que, da forma como tal relação fora interpretada por EPR, a medição de uma quantidade física de algum dos pares implica perturbação ou distúrbio do outro. Nesse sentido, *A* e *B* seriam observáveis com quantidades físicas incompatíveis.

Tendo em vista esses pontos, pode-se passar ao argumento EPR. Se as "quantidades físicas incompatíveis" —*A* e *B*— têm realidade simultânea e se a descrição quântica da realidade é completa, então a mecânica quântica deveria fornecer valores precisos e simultâneos para os observáveis incompatíveis *A* e *B*. No entanto, de acordo com o princípio da indeterminação, a mecânica quântica não fornece tais valores precisos simultâneos para os valores das propriedades de, por exemplo, posição e momento de um objeto quântico e, por isso, tais propriedades são referidas como quantidades incompatíveis. Uma das maneiras de entender o porquê da incompatibilidade de tais quantidades é pela tese do distúrbio: um sistema perturba instantaneamente as propriedades do outro sistema, mesmo que espacialmente distantes.

Se isso fosse o caso, a assunção da *localidade* (mencionada acima) também seria violada. Assim, ou a descrição quântica da realidade não é completa, ou as quantidades físicas incompatíveis não podem ter realidade simultânea. Abaixo, o argumento EPR é reproduzido sob a forma de uma redução ao absurdo. A disjunção "ou" do argumento é originalmente introduzida sob a forma de uma contradição:

- C: A descrição quântica da realidade é completa;

- RS: Quantidades físicas "incompatíveis" podem ter realidade simultânea;

- ψ_{AB}: A mecânica quântica fornece valores precisos e simultâneos para as quantidades 'incompatíveis' A e B.

1	$(RS \vee C)$	P
2	$\neg\psi_{AB}$	P
3	$\neg(RS \wedge C)$	1–2
4	$\neg C \wedge \neg RS$	3
5	$C \rightarrow RS$	H: EPR
6	$C \rightarrow \neg RS$	4
7	$C \rightarrow (RS \wedge \neg RS)$	5–6
8	$\neg C$	7: RAA

Brevemente: a primeira premissa diz respeito à definição de completude; a segunda premissa descreve a mecânica quântica. No terceiro passo, tem-se um *modus tollens* a partir de 1 e 2; no quarto passo tem-se a aplicação da lei de de Morgan a partir de 3. O quinto passo é a hipótese referente ao critério de realidade, conforme exposto no argumento EPR. No sexto passo, tem-se uma aplicação do silogismo disjuntivo a partir do passo 4; o passo 7 apresenta uma contradição a partir de 5 e 6; o oitavo e último passo apresenta uma conclusão por redução ao absurdo. O uso do termo *contradição*, conforme empregado no raciocínio, precisamente após o condicional da etapa 7 da reconstrução acima, deve ser entendido à maneira da lógica clássica. É preciso qualificar tal afirmação, pois considero, anteriormente, a legítima possibilidade da utilização de lógicas não clássicas na interpretação da mecânica quântica.

Capítulo 2. Visões de mundo em conflito

Tal situação ocorre na medida em que a discussão acerca de uma interpretação da mecânica quântica acontece no plano metalinguístico, que corresponde a uma porção restrita da linguagem natural. Em tal metalinguagem, as regras semânticas são pressupostas e, portanto, não formalizadas; assim, a discussão metalinguística acontece em linguagem natural e, por conseguinte, obedece às regras desse discurso que tem a lógica clássica como linguagem subjacente. Para uma discussão mais aprofundada sobre isso, ver Church (1956, p. 50–55) e Krause e Arenhart (2016). Apresento o argumento EPR de modo formalizado por questões de clareza; a discussão que apresento em torno da semântica do argumento, no entanto, continua obedecendo às regras metalinguísticas da linguagem natural: a lógica clássica.

Ademais, como aponta Murdoch (1994, p. 306), o argumento original, conforme formalizado acima, tem uma estrutura inválida. Como o critério de realidade adotado por EPR implica realidade simultânea das quantidades físicas incompatíveis, deve-se negar a completude da descrição quântica da realidade. Como EPR se comprometem com a tese da realidade independente como $\mathcal{O}_T$, fica claro que todos os objetos quânticos possuem realidade independente —logo, simultânea. Isso ocorre, pois a noção de "realidade simultânea" depende da noção de "realidade objetiva"— ou seja, dois objetos devem, primeiro, existir objetivamente para que possam ter realidade simultânea. Assim, Einstein, Podolsky e Rosen (1983, p. 141) são "forçados a concluir" que a descrição dos objetos, conforme a mecânica quântica (*modulo* interpretação de Copenhague) não é completa.

No mesmo ano, em resposta a EPR, Bohr ([1935] 1983a, p. 145–146)[5] escreve um artigo argumentando em defesa do princípio da indeterminação. Nele, afirma que:

A aparente contradição [apontada no artigo de EPR] só eviden-

---

[5] Cuidado: devido a um erro de diagramação, a reimpressão na famosa edição de 1983 possui as páginas 148–149 invertidas! Hoje em dia é mais seguro consultar o artigo digital, conforme disponível na *Physical Review* (DOI: 10.1103/PhysRev.47.777). Isso não ocorre na tradução brasileira de 1981, conforme publicada no volume 2 do periódico *Cadernos de História e Filosofia da Ciência*.

Consciência e Mecânica Quântica

cia uma inadequação essencial da perspectiva filosófica usual [clássica] de fornecer uma descrição racional dos fenômenos físicos do tipo que estamos interessados na mecânica quântica. De fato, a interação finita entre objeto e as agências de medição, condicionadas pela própria existência do quantum de ação, implica —devido à impossibilidade de controlar a reação provocada pelo objeto nos instrumentos de medição, se estes devem servir a seus propósitos— a necessidade de uma renúncia final ao ideal clássico de causalidade e uma revisão radical de nossa atitude perante o problema da realidade física. (Bohr, [1935] 1983a, p. 145–146).[6]

Pode-se observar que é precisamente em relação ao critério de realidade, assumido por EPR, frequentemente chamado de "clássico", que Bohr ([1935] 1983a) se posiciona contrariamente na passagem acima. Ao rejeitar a tese $\mathcal{O}_N$ de Einstein, Bohr acaba por elaborar ainda mais sua própria $\mathcal{O}_N$; no entanto, tal rejeição é comumente vista como a necessidade de uma revisão ontológica para as teorias físicas, ou ainda uma revisão na semântica, isto é, uma revisão nos limites de aplicação e na definição dos conceitos envolvidos, tal como o conceito de "realidade física". Nesse mesmo artigo, diz Bohr:

A possibilidade de atribuir significado inequívoco a expressões tais como "realidade física" não pode, evidentemente, ser deduzida a partir de concepções filosóficas a priori, mas —como os autores do artigo citado [EPR] enfatizam— deve ser fundamentada no recurso direto a experiências e medições. (Bohr, [1935] 1983a, p. 145).

Segundo esse raciocínio, se toda medição é limitada à informação que se

---

[6] Comparar com a tradução de Chibeni (1997, p. 30): "[a] aparente contradição [apontada por EPR] na verdade revela apenas uma inadequação essencial do ponto de vista usual da filosofia natural para um tratamento racional dos fenômenos físicos do tipo dos que nos ocupamos na mecânica quântica. De fato, a interação finita entre objeto e agentes de mensuração, condicionada pela própria existência do quantum de ação, acarreta [...] a necessidade de uma renúncia final do ideal clássico de causalidade e uma revisão radical de nossa atitude com relação ao problema da realidade física".

CAPÍTULO 2. VISÕES DE MUNDO EM CONFLITO

obtém por meio dela, essa limitação se estende ao significado que se pode atribuir por meio dela —o que é uma consequência direta da atitude operacionista, também uma $\mathcal{O}_N$, assumida por Bohr ([1928] 1983b, p. 89–90) nos fundamentos da interpretação de Copenhague. Assim, a própria ideia de uma $\mathcal{O}_T$ não seria significativa, isto é, uma realidade *em si*, com o estabelecimento das suas propriedades intrínsecas, fora do contexto do aparato medidor utilizado. Para visualizar melhor esse aspecto do argumento de Bohr, utilizo a reconstrução do contra-argumento feita por Murdoch (1994, p. 304):

- Observáveis complementares (como posição e momento) não podem ser medidas simultaneamente; são necessárias operações experimentais mutuamente exclusivas para a sua medição;

- Uma medição envolve uma interação inelimínável entre o objeto e as agências de medição;

- A interação com a medição é indeterminável. Qualquer tentativa de medi-la necessitaria de mudanças no arranjo experimental e ao menos mais uma interação, o que impossibilitaria a medição original;

- Portanto, os resultados das medições sucessivas de observáveis complementares não podem ser atribuídos por extrapolação ao mesmo instante.

De acordo com essa linha de raciocínio, o tipo de experimento que EPR propuseram não seria possível, pois os termos como *posição* ou *momento* só teriam significado quando associados a uma operação experimental e, uma vez que só podem ser designados experimentos mutuamente exclusivos para verificar o valor de verdade de tais termos, não se poderia atribuir significado a uma sentença como *valores definidos simultaneamente de posição e momento*.

Tal atitude indica, no limite, que as operações experimentais deveriam ser condições necessárias para a definição de sentenças tais como *a posição (ou momento) exata.* Na medida em que as operações experimentais necessárias para a definição das propriedades observáveis dos objetos quânticos são mutuamente exclusivas, as condições para suas definições também o seriam. Dito de outro modo, a tese $\mathcal{O}_N$ implícita por trás desse raciocínio é que o contexto experimental deveria determinar e limitar a expressão "realidade física".

De fato, é intuitiva a concepção de que o mundo que nos circunda possui um estatuto ontológico de existência independente. Isto é, que os objetos que o compõem (átomos, partículas, prédios e montanhas) se limitariam a *estar lá* de forma objetiva, a despeito da observação de qualquer sujeito. Se as coisas fossem assim, então as propriedades desses objetos existiriam e teriam propriedades bem definidas antes ou após uma medição, ou seja, a despeito de qualquer possível medição ou observação. É justamente essa a definição da noção de "realidade objetiva" utilizada no argumento EPR.

Essa noção é compatível com a acepção $\mathcal{O}_T$ do termo ontologia, pois pretende-se uma descrição *da realidade,* e não somente um construto da ciência. Isto é, se trata de uma tese que põe-se à frente da investigação teórica e molda aquilo que pode (ou não) ser teorizado pela ciência. Pode-se ver aqui a confluência entre duas posições filosóficas: (i) o realismo metafísico e (ii) o realismo científico. Grosso modo, tais acepções do termo realismo se comprometem com as seguintes teses: (i) há uma (única) realidade física que existe objetivamente, independente de qualquer teoria, vontade, consciência ou observador e (ii) é tarefa da ciência descrever corretamente essa realidade por meio das melhores teorias. A mecânica quântica, no entanto, tem sido, até hoje, um ótimo campo de debate para essas duas acepções do termo *realismo,* na medida em que admite interpretações contrárias e favoráveis. A seguir, analisarei em linhas gerais o debate entre realismo e antirrealismo no debate entre Bohr e Einstein, e como as fugazes fronteiras entre os realismos metafísico e científico nesse debate.

CAPÍTULO 2. VISÕES DE MUNDO EM CONFLITO

2.3 Realidade, separabilidade e indeterminação

2.3.1 Realidade

Em uma carta endereçada a Schrödinger, datada de 19 de Junho de 1935, Einstein afirma que:

> Por razões de linguagem, esse [artigo EPR] foi escrito por Podolsky depois de muita discussão. Ainda assim, o artigo não saiu da forma como eu originalmente gostaria; *ao contrário, o ponto essencial foi, por assim dizer, obscurecido pelo formalismo.* (Einstein, 1935, p. 35, nota 9, ênfase adicionada).[7]

Conforme entendido por Einstein, a tarefa da física é em si um empreendimento filosófico, na medida em que visa (ou deveria visar) a *descrição da realidade* —sem a qual "[...] a física então só poderia reivindicar o interesse do comércio e da engenharia; todo o empreendimento seria um desastre lamentável" (Einstein, [1950] 1967, p. 39). A maior ênfase do artigo EPR foi dada à discussão sobre a atribuição de valores bem definidos simultaneamente para os pares observáveis (como posição e momento), discussão essa sobre a qual, na mesma carta, Einstein (1935) expressa seu descontentamento através da expressão *"ist mir Wurst"* —traduzida por Fine (1986, p. 38) como *"I couldn't care less"* e por Chibeni (1997, p. 56) como "não ligo a mínima".

O referido "ponto essencial",[8] omitido no artigo EPR, é retomado por Einstein (1935) em seguida de maneira bastante simples. Considere a situação na qual temos uma bola que pode ser distribuída em duas caixas.

> Agora descrevo um estado de coisas da seguinte forma: a probabilidade é $1/2$ de que a bola esteja na primeira caixa. Essa é uma descrição completa?

---

[7] Comparar o trecho enfatizado com a tradução de Chibeni (1997, p. 35): "[Podolsky] sepultou o ponto central pela erudição".
[8] Ver Fine (1986, p. 35, nota 9).

Não: Uma descrição completa é: a bola está (ou não está) na primeira caixa. É assim que a caracterização do estado de coisas deve aparecer em uma descrição completa.

Sim: Antes de abri-las, a bola não está de forma alguma em uma das duas caixas. *Estar em uma caixa definitiva só acontece quando levanto as tampas.* (Einstein, 1935, p. 69, ênfase adicionada).

Vale destacar que o célebre "paradoxo do gato de Schrödinger" nasce dessas correspondências entre Einstein e Schrödinger —especificamente do exemplo acima das caixas (ver Fine, 1986, capítulo 5). O que está em jogo é a própria noção de realidade, na qual está condicionada à noção de "medição" (*viz.*, "abrir a caixa"). Se a mecânica quântica oferece uma descrição completa da realidade, uma das consequências é que os objetos dos quais ela trata só possuem realidade física quando estão sendo "medidos". Lembre-se que essa é uma consequência do princípio "medição=criação" que vimos no capítulo 1. Isso, para Einstein (1949a), violaria não somente nosso senso comum, mas o propósito da física:

A física é uma tentativa conceitual de compreender a realidade conforme ela é pensada independentemente de ser observada. Nesse sentido, fala-se de "realidade física". Na física pré-quântica, não havia dúvida sobre como isso deveria ser compreendido. (Einstein, 1949a, p. 81).

No entanto, é precisamente essa "realidade física" (ou "realidade independente", como veremos a seguir) que o modo —até então— usual de interpretar a mecânica quântica questionaria. Sendo uma descrição, ao mesmo tempo *completa* e *estatística*, a conclusão de que objetos não existem independentemente de suas medições com todas as suas propriedades bem-definidas parece inescapável. E é precisamente *esse* o ponto essencial das críticas de Einstein à mecânica quântica (ou melhor: da maneira usual de interpretar a mecânica quântica).

O que não me satisfaz nessa teoria [quântica], do ponto de vista dos princípios, é sua atitude em relação ao que me parece ser o

CAPÍTULO 2. VISÕES DE MUNDO EM CONFLITO

objetivo programático de toda a física: a descrição completa de qualquer situação real (individual), conforme ela supostamente existe independentemente de qualquer ato de observação [...]. (Einstein, 1949b, p. 667).

Assim, devo enfatizar novamente que o "ponto essencial" de Einstein não era tanto sobre a mecânica quântica asserir ou não valores simultâneos para quantidades incompatíveis. O ponto essencial era a realidade física de algo *depender* da medição. Ou seja, o ponto essencial era contra a ideia de *medição=criação*. A partir desse ponto, temos dois caminhos a seguir. O primeiro diz respeito à noção de "separabilidade", e o segundo diz respeito à indeterminação. Comecemos pelo primeiro.

2.3.2 Separabilidade

Para aprofundar a discussão, seguirei aqui a reconstrução dos argumentos de Einstein (1950) proposta por Murdoch (1994, p. 309), segundo a qual o argumento EPR pode ser estruturado da seguinte maneira:

1. O estado físico de um objeto quântico pode ser descrito tanto pelo vetor $|\psi\rangle$ ou $|\varphi\rangle$, e tal descrição depende do tipo de medição realizada em outro objeto, distante, A;

2. O estado físico de um objeto não depende do tipo de medição realizada no outro objeto ou sobre o estado físico do outro objeto (princípio da separabilidade);

3. O objeto B está no mesmo estado físico, quer seja descrito por $|\psi\rangle$ ou $|\varphi\rangle$;

4. Um vetor de estado fornece uma descrição completa do estado físico de um objeto apenas se descrever exclusivamente esse estado, isto é, exclusivamente $|\psi\rangle$ ou $|\varphi\rangle$ pode descrever completamente o estado de um dado objeto (a condição de completude);

5. Na situação EPR, o estado físico do objeto B pode ser descrito quer por $|\psi\rangle$ ou $|\varphi\rangle$;

6. Nem $|\psi\rangle$ nem $|\varphi\rangle$ fornecem uma descrição completa do estado físico de B;

7. Portanto, a mecânica quântica não fornece uma descrição completa do estado físico de um objeto quântico.

Uma análise exaustiva do argumento de Einstein não é propósito deste livro, motivo pelo qual assumirei que a reconstrução feita por Murdoch (1994, p. 309) é suficiente. No entanto, é relevante para minha análise a discussão sobre algumas implicações filosóficas, especialmente nos pontos 2 e 4 da reconstrução acima.

Em outros textos, Einstein (1949b, p. 681–682) argumenta que o referido princípio da separabilidade, contido no ponto 2, se divide em dois outros aspectos principais: o *princípio da localidade* e o *princípio da existência independente*. De acordo com o primeiro, o que acontece em uma determinada localização no espaço independe do que acontece em outra determinada localização no espaço, ou seja, não há uma ação à distância imediata ou instantânea entre objetos que ocupam diferentes lugares no espaço. De acordo com o último aspecto, o que existe em uma determinada localização do espaço independe daquilo que existe em outra determinada localização no espaço, isto é, o princípio da existência independente afirma que não há uma conexão ontológica imediata ou instantânea entre objetos que ocupam diferentes lugares no espaço. Para Murdoch (1994, p. 310), esse seria o ponto crucial omitido no artigo EPR, sugerindo ainda, que sua omissão seria o principal motivo pelo qual o argumento fora tão suscetível a críticas.

Já no princípio de completude, contido no ponto 4 da reconstrução de Murdoch (1994, p. 309), Einstein assume a existência de somente uma descrição completa de um sistema físico. Os argumentos sobre completude são encontrados em detalhe nas notas autobiográficas de Einstein (1949a, p. 83–87), nas quais há a afirmação de que se uma função de onda fornece uma descrição completa da realidade —segundo os termos da sua própria noção de completude explicitada acima—, então existiriam casos em que a medição deveria ser considerada como um ato de criação, ao invés de um ato de revelação do valor de um objeto medido.

Dito de outro modo, uma descrição completa de um aspecto físico da realidade seria uma descrição do estado real de um objeto real. Assim, se uma descrição completa não fornece um valor definido para uma propriedade observável do objeto em questão, significa que tal objeto não tem um valor definido para a propriedade observável. No entanto, uma medição subsequente mostraria um valor definido para tal propriedade, precisamente daquela que não tinha um valor definido. Como consequência, se assumido o princípio de completude, a medição cria a quantidade definida de uma propriedade observável —e, por conseguinte, num sentido mais forte, a sua realidade física— ao invés de revelar uma propriedade (ou a realidade física de tal propriedade) pré-existente. Esse aspecto da medição se refere ao princípio da *medição=criação*.

Essa conclusão seria, no entanto, conflitante com a visão einsteiniana de mundo, de acordo com a qual, a existência da realidade física independe ontologicamente de uma medição. Para Einstein (1949b, p. 667), a meta de uma teoria física deveria ser a de fornecer "[...] a descrição completa de qualquer situação real (e individual, que supostamente existe independentemente de qualquer ato de observação ou comprovação)". Assim, seguindo a linha de raciocínio aqui proposta, o princípio da separabilidade e o princípio da completude seriam princípios mutuamente exclusivos. Einstein (1949b, p. 682) teria optado por manter apenas o princípio da separabilidade e, da forma como interpreta a posição de Bohr, a interpretação de Copenhague optaria por manter apenas o princípio da completude.

Em suma, Einstein teria ao menos três razões principais para discordar de Bohr: em primeiro lugar, seria a rejeição da tese verificacionista assumida por Bohr; em segundo lugar, estaria a rejeição da tese da *medição=criação*; em terceiro lugar estaria a rejeição do princípio da completude como um todo, na medida em que é mutuamente exclusivo em relação ao princípio da separabilidade, princípio esse muito caro para a visão einsteiniana, por negar

CONSCIÊNCIA E MECÂNICA QUÂNTICA

uma ação à distância ou uma conexão ontológica simultânea entre as propriedades de dois objetos espacialmente separados. Volto a enfatizar que essa
seria a leitura de Einstein sobre a interpretação de Copenhague, e, principalmente, do pensamento de Bohr —o que, como apresentarei adiante, não
corresponde necessariamente à tese do próprio Bohr.

Vale relembrar que a proposta no artigo EPR seria a análise de uma situação em que seria possível atribuir valores bem definidos para as propriedades observáveis de dois objetos A e B. Na visão de Bohr, a tentativa para
essa atribuição de valores seria, a princípio, equivocada, na medida em que
qualquer afirmação sobre os valores bem definidos de tais propriedades só
seria dotada de significado em condições experimentais mutuamente exclusivas. Assim, para Murdoch (1994, p. 311–312), no caso EPR, as condições
experimentais que permitiriam uma afirmação dotada de significado sobre
a propriedade x de um objeto A excluiriam as condições experimentais que
permitiriam uma afirmação dotada de significado sobre o valor bem definido da propriedade y desse mesmo objeto.

Da mesma forma, as condições experimentais escolhidas para determinar o estado de A constituiriam as condições para que se pudesse fazer qualquer tipo de inferência significativa sobre o objeto B, uma vez que a premissa
do princípio da separabilidade é rejeitada. Logicamente, é rejeitada também
a (sub)conclusão 3 de sua reconstrução do argumento de Einstein, isto é, a
rejeição de que os valores das propriedades observáveis de B, quer seja x ou
y, independe dos valores das propriedades observáveis de A. Assim,

> [...] nenhuma utilização bem definida do conceito de "estado"
> pode ser feita, como referindo-se ao objeto separado do corpo
> com o qual tenha estado em contato, até que as condições ex-
> ternas envolvidas na definição desse conceito sejam inequivoca-
> mente fixadas por um controle mais adequado do corpo auxiliar.
> (Bohr, 1958a, p. 21).

A situação proposta sugere que é correta a interpretação de Einstein (1949b,
p. 682) de que Bohr rejeitaria o princípio de localidade. A argumentação

Capítulo 2. Visões de mundo em conflito

de Bohr não parece implicar existência de uma interdependência causal ou mecânica entre os objetos *A* e *B* no que se refere ao ato da medição, mas, ao invés disso, que a medição efetuada em *A* determina as condições sobre aquilo que pode ser dito significativamente sobre *B*. Assim, não se trataria de uma rejeição do princípio de localidade como um princípio causal, mas da rejeição do princípio de localidade como um princípio semântico.

Ou seja, seria o caso de afirmar que há uma interdependência semântica —mas não causal— por meio de uma operação experimental ou medição entre os objetos *A* e *B*. A rejeição por parte de Bohr do princípio de localidade é amplamente conhecida e difundida nos livros didáticos sobre mecânica quântica, ainda que por muitas vezes a ênfase não seja dada no aspecto semântico de tal princípio.

No entanto, Howard (1985). a localidade seria *apenas um* dos dois aspectos que compõem um princípio maior: o princípio da *separabilidade*. O outro aspecto do princípio da separabilidade seria o princípio da existência independente, em relação ao qual a posição de Bohr é menos clara. Como foi exposto anteriormente, o princípio da separabilidade (cujo princípio da existência independente seria um de seus aspectos) é mutuamente exclusivo em relação ao princípio da completude que, por sua vez, implicaria a tese da *medição=criação*, tese que Bohr parece rejeitar:

> [...] a discussão dos problemas epistemológicos na física atômica atraiu tanta atenção como nunca e, ao comentar sobre as visões de Einstein no que diz respeito à incompletude de modo de descrição da mecânica quântica, entrei mais diretamente em questões de terminologia. Nesse contexto, eu adverti especialmente contra frases, muitas vezes encontradas na literatura física, como "perturbação de fenômenos através da observação" ou "criação de atributos físicos para objetos atômicos através de medições." Essas frases, que podem servir para lembrar dos aparentes paradoxos na teoria quântica, são ao mesmo tempo capazes de causar confusão, uma vez que palavras como "fenômenos" e "observações", assim como "atributos" e "medições", são utilizados de

forma pouco compatível com a linguagem comum e definição prática. (Bohr, 1958a, p. 63–64).

Essa rejeição seria logicamente acompanhada pela defesa de que o ato da medição seria um ato de revelação de valores pré-existentes do objeto medido sem que, no entanto, como observa Murdoch (1994, p. 312), "[...] tal valor pré-existente revelado seja um valor absoluto, mas uma propriedade relativa ao arranjo experimental escolhido".

Por esse motivo, Murdoch (1994, p. 312) classifica a atitude de Bohr em um terreno médio, entre a posição de Einstein (1949b, p. 667), segundo a qual uma medição revela de forma passiva valores pré-existentes de uma realidade física que existe de forma totalmente independente da medição, e a posição de Heisenberg ([1927] 1983, p. 73), segundo a qual uma medição cria de forma ativa os valores de uma realidade física que passa a existir com o ato da medição. Dito de outra forma, segundo o raciocínio de Murdoch (1994, p. 312), a posição de Bohr poderia ser considerada como uma tese semântica, que estaria entre uma tese epistemológica (expressa por aquilo que chamarei de *medição=revelação*) e uma tese ontológica (expressa pela *medição=criação*).

Da forma como a problemática foi delineada, a posição de Bohr estaria diretamente relacionada com os limites da definibilidade dos conceitos físicos, isto é, com o significado de tais conceitos. Na medida em que os limites ou significados seriam dados mediante a experiência empírica, Murdoch (1994, p. 313) aproxima esta posição a uma atitude operacionista.

Uma concepção operacionista de significado estabelece que os termos que denotam um conceito físico ou quantidade teórica têm significado nas operações experimentais utilizadas para medir tal conceito ou quantidade. Uma concepção operacionista de significado estabelece que os termos utilizados para denotar um conceito físico ou quantidade teórica tem valor de verdade ou valor cognitivo, isto é, podem dizer que algo é verdadeiro ou falso, se e somente se tal valor de verdade pode ser confirmado por uma operação experimental. Ainda assim, a leitura operacionista seria confir-

CAPÍTULO 2. VISÕES DE MUNDO EM CONFLITO

mada por Bohr na ocasião de uma resposta a Phillip Frank[9] que, em uma carta, questiona se a interpretação de Bohr poderia ser aproximada à atitude operacionista.

Murdoch (1994, p. 314) vai além e categoriza a concepção de significado de Bohr como verificacionista, na medida em que a atribuição do significado dos termos se dá mediante condições de verificação (em oposição às concepções segundo as quais as condições para significado ou valor de verdade seriam independentes da verificação experimental). De fato, são posições muito próximas. Segundo o raciocínio de Murdoch (1994, p. 314), o operacionismo seria um subconjunto do verificacionismo, diferindo no fato de que o último, em um sentido mais amplo, iguala a noção de significado com a noção de uso, de modo que o significado de um termo deve ser suportado por condições de verdade cuja verificabilidade e comunicabilidade são possíveis. Por outro lado, a atitude operacionista afirma que um termo cujo valor de verdade é impossível de ser determinado não é um termo que pode ser utilizado. Dessa forma, Murdoch (1994, p. 314) identifica, na base verificacionista da posição de Bohr, uma atitude mais próxima ao pragmatismo ao invés de um empirismo radical, como o operacionismo.

Sob tal perspectiva, Bohr consideraria que a noção clássica de *valores simultaneamente bem definidos* (*e.g.*, para posição e momento) seria uma idealização, cujo significado pressupõe uma ação virtualmente nula do postulado quântico; da mesma forma, a noção de *simultaneidade* (aplicada a fenômenos espacialmente separados) seria uma idealização cujo significado pressupõe uma velocidade infinita. A visão verificacionista e pragmática de significado assumida por Bohr estaria implicada por trás dessa visão na medida em que os conceitos não são revisados —da forma como Einstein (1949b, p. 699) propusera em relação à formulação de novos conceitos—, mas, antes, ressignificados, isto é, restringidos a um escopo de aplicação (ainda) mais limitado.

A contrapartida metodológica para essa atitude seria o princípio da correspondência, segundo o qual a física quântica seria uma generalização da

---

[9] Ver Beller (1996) e Fine (1986, p. 20).

física clássica. Ainda que o significado preciso de tal princípio —crucial para a interpretação de Copenhague— seja motivo de debate, vale ressaltar que estou utilizando a compreensão do próprio fundador do princípio, Bohr, para o raciocínio que se segue; vale ressaltar, também, que a literatura posterior a Bohr não entende necessariamente o princípio da mesma forma como ele entendeu.[10]

Assim, a rejeição de Bohr em relação ao referido princípio da existência independente parece ser parcial. Ao passo que não se pode designar uma operação experimental para determinar se de fato o estado físico de um objeto B independe do estado físico de um objeto A distante, a leitura verificacionista de Bohr parece indicar que tal princípio parece ser desprovido de significado. No entanto, a afirmação da tese da *medição=revelação* parece sugerir que o princípio da existência independente não é totalmente negado.

Se essa leitura for correta, uma notável implicação ontológica do pensamento de Bohr no que se refere ao comprometimento ontológico com uma realidade independente parece emergir, isto é, uma leitura realista do pensamento desse autor seria possibilitada. Para Faye (1991, p. 198), as diversas definições e discussões acerca de uma definição para a concepção filosófica do realismo têm em comum dois pontos essenciais: "(1) o mundo existe independentemente de nossas mentes; e (2) a verdade é uma noção não epistêmica; isto é, uma proposição não é verdadeira porque é provável ou cognoscível". Segundo Folse (1994, p. 128), Faye (1994, p. 98) defenderia uma interpretação de Bohr classificada como um antirrealismo objetivo, na medida em que Bohr aceitaria (1) e rejeitaria (2).

O antirrealismo da leitura de Faye emergiria da negação da transcendência das condições de verdade, isto é, da negação do significado de todas as afirmações indecidíveis (as afirmações sobre as quais é possível verificar o valor de verdade mediante uma operação experimental) cujo alcance epistê-

---

[10] Para maiores detalhes sobre as discussões que envolvem o princípio da correspondência, ver A. Bokulich e P. Bokulich (2020)

CAPÍTULO 2. VISÕES DE MUNDO EM CONFLITO

mico está fora de qualquer possível sujeito cognoscente; em outras palavras, da negação de que o significado seja intrínseco ao objeto em si mesmo:

> [...][Sentenças] decidíveis são aquelas que são ou determinada-
> mente verdadeiras ou determinadamente falsas devido à nossa
> posse de meios cognitivos em princípio adequados ou evidên-
> cias perceptuais pelas quais podemos verificar ou falsificá-las.
> Em outras palavras, tais sentenças têm condições de verdade
> cuja verificação é acessível. A classe complementar de decla-
> rações é aquela cujos membros são indecidíveis, portanto, não
> têm valores de verdade determinados, devido ao fato de que
> tais sentenças têm condições de verdade cuja verificação é trans-
> cendente. No entanto, em oposição ao antirrealista, o realista
> diria que até mesmo essas sentenças indecidíveis têm um valor
> de verdade determinado; o que acontece é que somos incapazes
> de descobrir qual. Assim, tanto o realista quanto o antirrealista
> objetivo operam com uma noção de objetividade. (Faye, 1991,
> p. 199).

Por outro lado, o termo *objetivo* da nomenclatura "antirrealismo objetivo" de Faye (1991) emerge como uma implicação de (1), na medida em que as afirmações decidíveis (as afirmações sobre as quais se possam verificar o valor de verdade mediante uma operação experimental) tenham suas con-dições de verdade garantidas pela realidade independente, por mais que o sentido de tal afirmação (como o estado de um objeto) seja desconhecido por qualquer possível sujeito cognoscente.

Da forma como Folse (1994, p. 128–130) interpreta tal leitura, Faye não excluiria a possibilidade de que, para Bohr, um objeto não observado pos-sua de fato valores bem definidos para suas propriedades físicas como, por exemplo, posição ou momento. No entanto, uma afirmação acerca dos va-lores simultaneamente bem definidos de tais propriedades não seria uma afirmação bem formulada na semântica da complementaridade e, portanto, seria sem sentido.

Contudo, deve ficar claro que, como observa Faye (1991, p. 208) em relação a (1), não há evidência textual que sustente a tese de que Bohr atribuiria valores intrínsecos às propriedades não observadas dos objetos quânticos. Quando Faye (1991, p. 200) menciona (1), parece fazê-lo enfatizando a objetividade dos conceitos, em um campo semântico, quiçá epistemológico, mas, certamente, não ontológico.

O antirrealista objetivo, em relação às declarações sobre a realidade física, toma como ponto de partida as circunstâncias publicamente acessíveis ao especificar sua noção de verdade [...]. O antirrealismo objetivo é, então, a posição que sustenta que a verdade é um conceito que se relaciona com circunstâncias cuja ocorrência ou não-ocorrência é, a princípio, empiricamente acessível às nossas capacidades cognitivas.

A visão sobre (1), em relação ao pensamento de Bohr, é compartilhada por Folse (1994, p. 128). Por mais que Faye (1991, p. 204) e Folse (1994, p. 128) concordem com a visão de que Bohr ocuparia um terreno médio entre os dois extremos do idealismo e do realismo —o que também coaduna com a leitura de Murdoch (1994, p. 312)—, Folse defende uma leitura realista do pensamento de Bohr. Folse (1994, p. 128–131) argumenta que o ponto (2) não seria tão decisivo quanto o ponto (1) na medida em que o comprometimento ontológico com uma realidade independente seria mais fundamental do que uma tese epistemológica, relativa ao domínio do significado dos conceitos utilizados mediante nosso conhecimento. Em outras palavras, Folse (1994) considera que a aceitação de (1) seria suficiente para uma interpretação realista do pensamento de Bohr, tendo em vista o comprometimento ontológico com a existência de uma realidade independente.

No entanto, Faye (1991, p. 207–211) expõe sérias restrições à interpretação realista de Folse, das quais sublinharei apenas uma. Quando Folse (1985, p. 257) afirma que a interação de um objeto com os instrumentos de medição produz ou causa o fenômeno, acaba por admitir a ocorrência da tese da *medição=criação* —uma implicação que, como vimos, é rejeitada por Bohr. Além disso, tal ocorrência parece ser incompatível com o comprometimento ontológico com uma realidade independente. Isto é, a atribuição

Capítulo 2. Visões de mundo em conflito

de um poder *criador* ao ato da medição parece ser irreconciliável com a afirmação de que tais propriedades, criadas, *já estavam lá* mesmo antes do ato criador. Por fim, se a tese de Folse for correta, então deve haver alguma evidência textual —o que não há— em que Bohr assume que objetos atômicos possuam intrinsecamente propriedades bem definidas, mas que, no entanto, não podem ser verificadas empiricamente, dado que uma operação experimental não é capaz de revelar aquilo que está por trás do fenômeno.

O fato de que Bohr acreditava que os objetos quânticos seriam reais é consensual, mas, segundo Faye (2019) ainda há muito debate na literatura das últimas décadas a respeito do tipo de realidade que eles têm, isto é, se são ou não algo diferente e para além da observação, de modo que tal questão permanece aberta.

Bohr parece deliberadamente evitar o comprometimento com as teses realistas e com as teses idealistas através do princípio da correspondência, isto é, pela afirmação de que um objeto (tal como o aparelho medidor) é considerado um objeto clássico em um determinado conjunto de circunstâncias, a saber, para os propósitos da medição. No entanto, esta afirmação acaba por esbarrar em outro problema, talvez ainda mais sério.

A separabilidade assumida para o ato da medição seria parcialmente arbitrária. Para que se possa dizer que ocorreu uma medição, o objeto medido não pode ser parte da agência de medição, ou seja, é necessária uma distinção entre duas entidades, de modo que, para fins práticos, um instrumento de medição é um instrumento de medição, e um objeto é um objeto. Como observa Faye (1991, p. 139), se a separação é assumida, sua interação é, do ponto de vista do ato da medição, indeterminada, pois "[...] a interação só pode ser determinada se o aparelho de medição for considerado simultaneamente como um aparelho e como um objeto, o que é logicamente impossível".

O que daria o tom de arbitrariedade na distinção proposta seria o ponto de demarcação da separabilidade, que já seria conhecida por Bohr desde o primeiro artigo em que expõe a complementaridade, no qual afirma que:

> [...] o conceito de observação é arbitrário pois depende de quais

objetos são incluídos no sistema para ser observado. [...] em qual ponto o conceito de observação —envolvendo o postulado quântico, com a sua *irracionalidade* inerente— deve ser utilizado é uma questão de conveniência. (Bohr, [1928] 1983b, p. 89).

A "questão de conveniência" do critério de demarcação para a separabilidade do processo de medição foi tida como a resposta de Bohr frente ao problema da medição, sobre o qual discutirei no capítulo 3 —solução esta criticada por diversos pensadores da época.

Heisenberg (1985, p. 410–414)[11] argumentou que, como a linha de demarcação entre o objeto quântico a ser investigado, representado matematicamente por uma função de onda, e o instrumento de medição, descrito por meio de conceitos clássicos, seria arbitrária, então todos os sistemas (incluindo o instrumento de medição) deveriam ser considerados sistemas quânticos, isto é, as leis quânticas deveriam se aplicar de forma irrestrita.

Sob a mesma linha de raciocínio, von Neumann ([1932] 1955) elaborou uma concepção de medição quântica a partir do formalismo da teoria, segundo a qual todos os observáveis têm um tratamento quântico. Diferentemente de Bohr e Einstein, von Neumann formulou uma teoria formal da medição, na qual o problema da medição aparece de forma mais clara e distinta, como analisarei no capítulo 3. Para nos aprofundarmos na teoria da medição de von Neumann ([1932] 1955), faço algumas considerações gerais sobre a teoria medição em mecânica quântica —que também será o assunto do capítulo 3.

Antes de passarmos a esse assunto, convém explorarmos, por fim, a indeterminação.

2.3.3 Indeterminação

A tese da medição=criação é, de fato, central na mecânica quântica padrão. Antes da medição, diz-se que os valores —ou que as *propriedades*— dos objetos quânticos são *indeterminados*. Vejamos o que isso quer dizer.

---

[11] Material publicado postumamente.

Capítulo 2. Visões de mundo em conflito

Segundo a "visão natural" de Armstrong (1961) todo objeto físico é determinado. Para entender o que isso significa, é preciso ter em mente a distinção entre propriedades *determinadas* e *determináveis*:

Propriedades determináveis: Especifica um conjunto de propriedades. *E.g.* forma, cor, tamanho.

Propriedade determinada: Especifica um elemento do conjunto determinável. *E.g.* quadrado, azul, 1m.

Por exemplo, gatos e canecas de café têm a propriedade de *e.g.* cor determinável; Ulisses, meu gato laranja, tem a propriedade determinável de cor determinada: ele é *laranja*. A visão natural pode ser enunciada da seguinte maneira:

> Um objeto físico é determinado em todos os aspectos, tem uma cor, temperatura, tamanho etc perfeitamente precisos. Não faz sentido dizer que um objeto físico é azul claro, mas não tem um tom definido de azul claro. (Armstrong, 1961, p. 59).

Portanto podemos definir a determinação DET como:

DET $\overset{\text{def}}{=}$ Para todo instante de tempo, todo objeto possui valores bem-definidos de todas as propriedades determináveis e determinadas.[12]

A *indeterminação* sobre a qual a medição=criação se refere é justamente a falha da visão natural:

> Indeterminação é a situação em que um objeto possui uma propriedade determinável, mas nenhum valor determinado para essa determinável. (Lewis, 2016, p. 76).

Existem diversos exemplos de indeterminação desse tipo na literatura filosófica. Por exemplo, instâncias do famoso *paradoxo de sorites*[13] incluem especificar qual o grão de areia que delimita um monte. Você pode tentar fazer

---

[12] Isso é exatamente o que chamei de "realismo objetivista" na página 20.

[13] O nome vem da palavra *"soros"* em grego, que significa "monte", e é usualmente atribuído a Eubulides, do Século IV a.C.; ver Hyde e Raffman (2018).

CONSCIÊNCIA E MECÂNICA QUÂNTICA

esse experimento em praticamente qualquer laboratório de metafísica: pegue um grão de areia, e coloque-o sobre outro grão de areia; repita esse procedimento algumas vezes. A questão é: em qual ponto um monte de areia foi formado? A fronteira é *indeterminada*, segundo o paradoxo de sorites. Outras instâncias disso é a indeterminação da fronteira exata de florestas, cidades, e até mesmo montanhas ou nuvens. Esse não é, contudo, o tipo de indeterminação em jogo na mecânica quântica.

Torza (2022) oferece um bom guia sobre casos de indeterminação na literatura filosófica:

> [...] (i) os objetos 'nebulosos' do mundo macroscópico, como nuvens, montanhas e pessoas; (ii) contingências futuras e o futuro em aberto; e (iii) indeterminação quântica. Exemplos putativos de iii incluem (iii.a) a falha da determinação de valores de observáveis quânticos; (iii.b) a individualidade vaga de objetos quânticos; e (iii.c) a indeterminação de contagem decorrente na teoria quântica de campos. (Torza, 2022, p. 338).

O caso exemplificado pela tese medição=criação são casos do tipo (iii.a).[14] Vejamos mais a fundo como isso ocorre usando o famoso "teorema de Bell" —pano de fundo, diga-se de passagem, para o Prêmio Nobel de Física concedido a Aspect, Clauser e Zeilinger (2022) pelas realizações experimentais do referido teorema. Seguirei aqui a exposição de Chen (2022), por tratar-se da exposição mais intuitiva e amigável a profissionais da filosofia sem treinamento em física (que é justamente o público alvo deste livro).[15]

O teorema de Bell é uma expansão do argumento EPR (de fato, um experimento mental), que explicita de maneira particularmente como a tese medição=criação opera —e como é, de fato, *inevitável*— na mecânica quântica padrão. Vamos lá.

O famoso teorema de Bell, conforme apresentado em Bell (1964), é uma generalização do argumento EPR, então. Como vimos na página 74, uma

[14] Bons guias para o ponto iii.b —sobre o qual não entrarei aqui— podem ser encontrados emFrench e Krause (2006), French e Bigaj (2024), e Krause (2017, capítulo 7).

[15] De fato, não estou só com essa avaliação da exposição de Chen (2022); ver Andreoletti e Vervoort (2022) para mais pessoas endossando essa impressão.

96

Capítulo 2. Visões de mundo em conflito

das assunções centrais do argumento EPR é a *localidade*. Relembremo-nos como ela é enunciada. Dados dois sistemas,

> [...] nenhuma mudança real pode ocorrer no segundo sistema em consequência de qualquer coisa que possa ser feito com o primeiro sistema" (Einstein, Podolsky e Rosen, 1983, p. 140).

Essa premissa parece bastante razoável. Repare, afinal, que praticamente todas as interações que temos no mundo à nossa volta são interações locais desse tipo. Digamos que você está preparando uma pipoca. Uma pipoca estourada tem um efeito na panela e nas imediações do fogão. Algum tempo depois, tem efeito na cozinha (especialmente se a panela estiver destampada!), mas *nada acontece* —concomitantemente ao estouro da pipoca— do outro lado da rua *em decorrência* do estouro da pipoca.

Claro, alguém pode saber que você está preparando pipoca porque ouviu o barulho. Mas repare que essa ainda é uma interação *local*: as ondas sonoras precisaram passar pelo espaço entre a pipoca e a pessoa que ouviu o barulho, e isso leva algum tempo (indicado pela distância entre as duas coisas e a velocidade do som). É, portanto, uma interação local. Aposto que você consegue pensar em diversos outros casos desse tipo. Chamemos essa premissa de LOC, definida da seguinte maneira:

LOC $\overset{\text{def}}{=}$ Eventos espacialmente distantes não podem ter influência imediata.

As outras assunções do teorema são as predições da mecânica quântica, dentre as quais Chen (2022) destaca três. Chamemos elas de $PRED_{MQ}1$, $PRED_{MQ}2$, e $PRED_{MQ}3$, respectivamente. Todas elas são relativos a objetos quânticos 1 e 2 (*e.g.* fótons) disparados a partir de uma fonte em direções diametralmente opostas, e que encontrarão dois filtros (*e.g.*, polarizadores) que podem ou não impedir sua passagem (*i.e.*, absorvê-los). São elas:

$PRED_{MQ}1$ $\overset{\text{def}}{=}$ Dois fótons (1 e 2) na mesma orientação e os polarizadores no mesmo ângulo *sempre concordam com os resultados* (100%). Isto é, se 1 passa pelo polarizador, sabemos que 2 também passará —e vice-versa: se 1 é absorvido, sabemos que 2 também será.

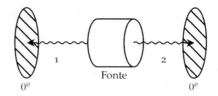

Figura 2.1: PRED$_{MQ}$1 com fótons absorvidos

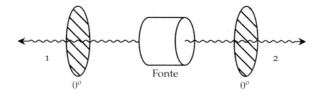

Figura 2.2: PRED$_{MQ}$1 com fótons passando

PRED$_{MQ}$2 $\stackrel{\text{def}}{=}$ Dois fótons (1 e 2) na mesma orientação e com os polarizadores diferindo num ângulo de 30° *discordam em 25% dos resultados*. Isto é, se 1 passa pelo polarizador, sabemos que 2 tem 25% de chances de não passar.

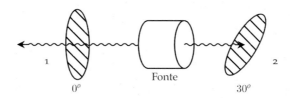

Figura 2.3: PRED$_{MQ}$2 com resultado em desacordo (25%)

PRED$_{MQ}$3 $\stackrel{\text{def}}{=}$ Dois fótons (1 e 2) na mesma orientação e com os polarizadores diferindo num ângulo de 60° *discordam em 75% dos resultados*. Isto é, se 1 passa pelo polarizador, sabemos que 2 tem 75% de chances de não passar.

O argumento de Bell, conforme reconstruído por Chen (2022), tem duas partes. A primeira é o argumento EPR em si, agora refraseado na termino-

CAPÍTULO 2. VISÕES DE MUNDO EM CONFLITO

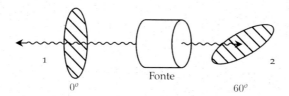

Figura 2.4: PRED$_{MQ}$3 com resultado em desacordo (75%)

logia que acabamos de introduzir:

$$\text{Parte I} = \langle \text{PRED}_{MQ}1 \land \text{LOC} \rangle \rightarrow \text{DET} \quad (2.1)$$

Suponha que o fóton 1 passa pelo polarizador. De acordo com a PRED$_{MQ}$1, não precisamos medir 2 para sabermos que ele também passou. Contudo, de acordo com a LOC, o estado de 1 não pode afetar o estado de 2. Assim a conjunção $\langle \text{PRED}_{MQ}1 \land \text{LOC} \rangle$ implica que, se podemos inferir com precisão o valor de 2 pelo valor da medida de 1, o valor de 2 deveria ser pré-determinado, pré-existente, ou DET —o que seria análogo à tese da "visão natural" de Armstrong (1961) conforme vimos anteriormente.

No entanto, a mecânica quântica não oferece uma descrição de *qual* estado os fótons assumem. Apenas probabilidades. Isto é, não diz se os fótons irão passar ou não: diz que *caso* o primeiro passe, o segundo *também* passa com probabilidade 100% —e o mesmo vale para a absorção. Sem uma descrição de DET, portanto, o argumento EPR conclui que a mecânica quântica é incompleta (Einstein, Podolsky e Rosen, 1983). A "Parte I" do teorema de Bell (conforme a reconstrução de Chen, 2022, a qual estou seguindo aqui) é, repito, o argumento EPR.

Notavelmente, DET —que é uma conclusão derivada da Parte I— nos permite montar uma *tabela* com os resultados das três predições da mecânica quântica. Para cada par, e para cada fóton, existe uma determinada propriedade/disposição para reagir de uma determinada maneira a uma determinada orientação do polarizador. Por exemplo, para o polarizador orientado em 30 graus, um fóton deve ter uma das duas propriedades: ou ele passa ou ele é absorvido. Ele tem a propriedade antes mesmo do experimento ser conduzido.

Ademais, DET nos permite montar a tabela 2.1 com apenas 8 possibilidades. O motivo disso é que, em cada par, o fóton esquerdo e o fóton direito devem concordar em como reagir a qualquer orientação específica do polarizador, de acordo com as predições da mecânica quântica. Vamos adotar a seguinte notação, seguindo Chen (2022): P para a propriedade de passar e A para a propriedade de ser absorvido; e os índices indicam a angulação do polarizador. Assim, por exemplo, P_{30} indica que o fóton passou pelo polarizador orientado a 30 graus, e A_0 que o fóton foi absorvido pelo polarizador orientado a 0 graus. Então eis a tabela.

	Esquerda	Direita	%
1	P_0, P_{30}, P_{60}	P_0, P_{30}, P_{60}	α
2	A_0, A_{30}, A_{60}	A_0, A_{30}, A_{60}	
3	A_0, P_{30}, P_{60}	A_0, P_{30}, P_{60}	β
4	P_0, A_{30}, A_{60}	P_0, A_{30}, A_{60}	
5	P_0, A_{30}, P_{60}	P_0, A_{30}, P_{60}	γ
6	A_0, P_{30}, A_{60}	A_0, P_{30}, A_{60}	
7	P_0, P_{30}, A_{60}	P_0, P_{30}, A_{60}	δ
8	A_0, A_{30}, P_{60}	A_0, A_{30}, P_{60}	

Tabela 2.1: Resultados possíveis (adaptada de Chen, 2022, p. 186)

Em particular, temos que $\alpha + \beta + \gamma + \delta = 100\%$, e isso nos permite formular a seguinte desigualdade (chamada "desigualdade de Bell"):

$$\alpha, \beta, \gamma, \delta \geq 0 \rightarrow (\beta + \gamma) + (\gamma + \delta) \geq \beta + \delta \tag{2.2}$$

Para verificar essa desigualdade, basta checar as possibilidades:

1. Suponha que $\gamma = 0$, $\beta = 0$, e $\delta = 0$. Então $0 + 0 = 0$.

2. Suponha que $\gamma = 1$, $\beta = 0$, e $\delta = 0$. Então $1 + 1 > 0$.

3. Suponha que $\gamma = 0$, $\beta = 1$, e $\delta = 0$. Então $1 + 0 = 1$.

CAPÍTULO 2. VISÕES DE MUNDO EM CONFLITO

4. Suponha que $\gamma = 0, \beta = 0$, e $\delta = 1$. Então $0 + 1 = 1$.

5. Suponha que $\gamma = 1, \beta = 1$, e $\delta = 0$. Então $2 + 1 > 1$.

6. Suponha que $\gamma = 0, \beta = 1$, e $\delta = 1$. Então $1 + 1 = 2$.

7. Suponha que $\gamma = 1, \beta = 0$, e $\delta = 1$. Então $1 + 2 > 1$.

8. Suponha que $\gamma = 1, \beta = 1$, e $\delta = 1$. Então $2 + 2 > 2$.

Agora podemos preencher essa desigualdade com as predições da mecânica quântica. A $\text{PRED}_{MQ}2$ implica que $\beta + \gamma = 25\%$ de desacordo e que, da mesma maneira, $\gamma + \delta = 25\%$ de desacordo. Já a $\text{PRED}_{MQ}3$ implica que $\beta + \delta = 75\%$ de desacordo. Isso tudo pode ser verificado chegando a tabela 2.1. Com isso, chegamos à segunda parte do argumento de Bell:

$$\text{Parte II} = \left\langle \text{DET} \wedge (\text{PRED}_{MQ}2 \wedge \text{PRED}_{MQ}3) \right\rangle \rightarrow \text{INCONSISTÊNCIA} \qquad (2.3)$$

Para ver a inconsistência, basta checar a tabela, e formaremos a seguinte desigualdade

$$\underbrace{\beta + \gamma = 25\%}_{\text{PRED}_{MQ}2} + \underbrace{\gamma + \delta = 25\%}_{\text{PRED}_{MQ}2} \geq \underbrace{\beta + \delta = 75\%}_{\text{PRED}_{MQ}3} \qquad (2.4)$$

o que se traduz para

$$50 \geq 75. \qquad (2.5)$$

Contudo, sob as regras usuais da aritmética, temos que

$$50 < 75. \qquad (2.6)$$

Temos, portanto, a conjunção inconsistente

$$(50 \geq 75) \wedge (50 < 75), \qquad (2.7)$$

e não é difícil observar que a expressão acima diz que 50, ao mesmo tempo, *é e não é* maior ou igual a 75, o que é uma expressão inconsistente. Logo, a conjunção

$$\underbrace{\left[(\beta + \gamma) + (\gamma + \delta) \geq \beta + \delta\right]}_{\text{DET}} \wedge \underbrace{\left[(\beta + \gamma) + (\gamma + \delta) < \beta + \delta\right]}_{\text{PRED}_{\text{MQ}}} \quad (2.8)$$

é inconsistente. Isso quer dizer que alguma das premissas do teorema devem ser abandonadas. Nas palavras de Lewis (2019):

> Tomado como verdadeiro, o teorema de Bell parece mostrar que a mecânica quântica é impossível—que nenhum modelo físico poderia, em princípio, produzir a distribuição dos resultados de medição previstos pelo algoritmo matemático no coração da mecânica quântica. Mas a mecânica quântica está bem confirmada; essa distribuição de resultados de medição é *realmente observada*, e o que é real não pode ser impossível! Assim, a maneira de ler o teorema de Bell é como uma redução ao absurdo: como a prova de Bell leva a uma conclusão absurda, uma de suas suposições deve ser falsa. (Lewis, 2019, p. 36, ênfase original).

Como vimos, uma das suposições feitas pelo teorema foi a localidade (que, como vimos, implica na determinação e na separabilidade). A mecânica quântica padrão, com a medição=criação, mostra-se incompatível com tais teses conforme procurei demonstrar com o teorema de Bell.

Aqui podemos entender, finalmente, com precisão a ideia que Einstein trouxe em sua carta a Schrödinger, a saber, da disposição da bola em uma de duas caixas. Se a descrição quântica for completa, não há razão de fato sobre o estado da localização da bola *até que* uma medição seja feita; relembremo-nos de suas palavras: "[a bola] estar em uma caixa definitiva só acontece quando levanto as tampas" (Einstein, 1935, p. 69). Caso contrário, se a bola *já estivesse em alguma das caixas* antes da medição, a descrição quântica seria incompleta (porque não diz em *qual* caixa ela está, somente diz as probabilidades de estar em cada uma das caixas. Portanto, a completude da mecânica quântica vem com o preço de negar não somente a localidade, mas a deter-

CAPÍTULO 2. VISÕES DE MUNDO EM CONFLITO

minação, que é *consequência*, como vimos, da conjunção entre a localidade e as predições da mecânica quântica. E a determinação da realidade é o "realismo" que esteve em jogo em todo o debate Bohr–Einstein. No entanto, a ideia de medição=criação (ao menos na maneira usual de se formular e interpretar a mecânica quântica) veio para ficar.

Vimos, portanto, como a maneira padrão de interpretar a mecânica quântica padrão (*sic*), revisa radicalmente as teses que chamei nas páginas 19–20 (*viz.*, separabilidade e realismo objetivista). Objetos quânticos são, sob certas situações, inseparáveis; sobre outras, indeterminados. Falta vermos como a tese da "previsibilidade e determinismo causal"[16] é revista. Veremos isso no próximo capítulo, onde expandirei a noção —tão cara para a mecânica quântica padrão— de "medição". Veremos, também, como ela gera o problema da medição, que conectará todas as problemáticas expostas até então.

---

[16] Ver página 19.

Capítulo 3

A consciência colapsa

Conforme vimos no capítulo 1, o problema da medição na mecânica quântica tem sua gênese já nas primeiras discussões em torno da interpretação de Copenhague, na medida em que a posição geral de Bohr seria que as propriedades físicas dos objetos quânticos dependeriam fundamentalmente das condições experimentais, isto é, de medição, efetuadas sobre tais objetos —posicionamento que aparece explicitamente no debate suscitado por EPR.

De acordo com Jammer (1974, p. 473), a concepção ortodoxa de medição envolve os objetos a serem medidos e os instrumentos macroscópicos de medição que, embora necessários para que uma medição seja realizada, "[...] não são explicados pela teoria quântica em si mesma, mas considerados como logicamente anteriores à teoria". Assim, na visão de Bohr, não existiria a necessidade de uma teoria da medição quântica, na medida em que a assunção do princípio da correspondência supostamente permitiria uma interpretação da mecânica quântica que deliberadamente se afastaria do problema da medição.

Ainda que o princípio da correspondência de Bohr não possa ser substituído por uma teoria formalizada da medição, o tratamento duplo em relação ao processo de medição seria, como salienta Jammer (1974, p. 472), uma das características mais obscuras da interpretação de Copenhague, especificamente no que se refere à arbitrariedade da classificação dos domínios clássico e quântico. Ademais, identifico, ao longo deste livro, alguns aspectos do problema da medição na interpretação de Bohr.

Como enfatizei até aqui, o conceito de medição se relaciona com todos os aspectos filosóficos problemáticos da mecânica quântica expostos neste livro. Juntamente com Gibbins (1987, p. 104), considero que a medição é um aspecto ligado à maioria dos paradoxos da mecânica quântica —ao menos aqueles investigados até aqui. No capítulo 1, apresentei a discussão filosófica suscitada pela medição das propriedades observáveis —posição e momento— de um objeto quântico. Da mesma forma, no capítulo 2, apresentei o debate filosófico que emerge dos efeitos da medição de um objeto A em um objeto espacialmente distante B. Assim, conforme procurei elucidar, parece razoavelmente justificada a posição de Gibbins (1987, p. 104) de que "[...] o problema da medição é *o* problema central da filosofia da mecânica quântica".

Neste capítulo, analisarei detalhadamente a noção de medição em mecânica quântica, bem como o problema da medição quântica. Para tanto, iniciarei a discussão pontuando as diferenças entre a física clássica e a física quântica em relação ao conceito de medição. Em seguida, analisarei a formulação da teoria da medição de von Neumann ([1932] 1955) e suas extensões ontológicas.

3.1 Medição: clássica e quântica

Muito embora a física tenha sido considerada a ciência da medição por Campbell (1928), Jammer (1974, p. 471) afirma que haveria pouco interesse, por parte dos físicos, anteriormente ao advento da mecânica quântica, em explorar mais profundamente o conceito de medição. Para Gibbins (1987, p. 102), isso ocorre, pois a descrição do processo de medição é um procedimento pouco problemático na física clássica.

A noção clássica de medição (bem como sua representação matemática)

Capítulo 3. A consciência colapsa

envolveria, de acordo com Jammer (1974, p. 471), dois processos, sendo um físico e um psicofísico: o processo físico denota uma interação que chamarei I_1 entre um objeto que denominarei X a ser observado (tal como um corpo maciço ou uma corrente elétrica) e um instrumento de medição que denominarei M (tal como uma balança ou um amperímetro), de modo que

$$\langle I X \longleftrightarrow M \rangle; \tag{3.1}$$

o processo psicofísico denota uma interação que chamarei I_2 entre M e um observador O (seus órgãos dos sentidos e, em última análise, sua consciência).

À primeira vista, tal afirmação parece estranha na medida em que, da forma como Jammer (1974, p. 471) generaliza a noção de física clássica, a realidade física clássica seria composta por entidades desprovidas de qualidades sensoriais, isto é, de corpos extensos e seu movimento no espaço, ou seja, não haveria espaço para a introdução da consciência humana como uma parte fundamental na teoria; no entanto, na medida em que a teoria clássica adquire validade através da testabilidade de suas predições, a introdução desse conceito parece ser mais plausível, visto que uma operação tal como um teste deve envolver, em última análise, a consciência humana.

Se aceitarmos a definição do processo físico como

$$\langle I X \longleftrightarrow M \rangle, \tag{3.2}$$

deve-se aceitar, por consequência lógica, uma ação do objeto sobre o instrumento de medição de forma

$$\langle I X \to M \rangle \tag{3.3}$$

e, ao mesmo tempo, uma ação do aparelho medidor sobre o objeto de forma

$$\langle I M \to X \rangle. \tag{3.4}$$

No entanto, a ordem de magnitude da ação

$$\langle \mathcal{I} \, M \to X \rangle \qquad (3.5)$$

seria tão menor do que a ação de

$$\langle \mathcal{I} X \to M \rangle, \qquad (3.6)$$

a ponto de ser considerada como eliminável na interação $\mathcal{I}_1$. O aspecto psicofísico da medição clássica também seria abandonado sob a alegação de que a relação entre M e O estaria fora dos domínios de uma teoria física.[1]

A ação do objeto no instrumento de medição, no entanto, não poderia ser negligenciada, na medida em que o resultado M, tal como a ponteiro de uma balança indicando um valor y, deve depender de X, de modo que a medição clássica seria, de acordo com Jammer (1974, p. 471–472), reduzida à ação

$$\langle \mathcal{I} X \to M \rangle. \qquad (3.7)$$

Dito de outro modo, como sugere Gibbins (1987, p. 102), a interação

$$\langle M \to X \rangle \qquad (3.8)$$

pode ser arbitrariamente pequena, o que sugere que a medição clássica pode ser descrita com uma precisão arbitrariamente grande. Esta atitude permitiria à física clássica o fornecimento de uma abordagem inteiramente objetiva no tratamento dos processos físicos, isto é, considerá-los de forma independente da medição e, consequentemente, eliminar da teoria o papel da consciência do observador implícito em $\mathcal{I}_2$.

Com o advento da mecânica quântica, mais precisamente com o postulado quântico, que prevê a necessidade da interação finita (isto é, de ao menos um quantum) entre M e X, a magnitude da ação

$$\langle \mathcal{I} \, M \to X \rangle \qquad (3.9)$$

---

[1] Maiores detalhes e diagramas podem ser encontrados em Muller (2023).

CAPÍTULO 3. A CONSCIÊNCIA COLAPSA

seria igualmente relevante a ação

$$\langle \mathcal{I}X \rightarrow \mathcal{M} \rangle. \tag{3.10}$$

Como consequência, de acordo com Jammer (1974, p. 472), a condição para a consistência da concepção clássica de medição não seria mais aplicável, uma vez que o projeto clássico de uma abordagem independente da medição é inviável na mecânica quântica, isto é, não se pode atribuir à interação

$$\langle \mathcal{M} \rightarrow X \rangle \tag{3.11}$$

uma grandeza arbitrariamente pequena —o que é, como vimos no capítulo 1, uma das vias para se chegar ao princípio da indeterminação.

Um dos aspectos problemáticos da medição quântica é a produção de um resultado macroscópico, determinado, fruto da interação $\mathcal{I}_1$. Esse é o problema tornado claro pela assim chamada "decoerência" —que, ao contrário do que muita gente pensa não soluciona o problema da medição; Bacciagaluppi (2020, § 2) é categórico ao afirmar que "[...] na presença de fenômenos de decoerência, o problema da medição continua existindo ou, na verdade, piora".

Esse aspecto não nos interessa aqui, pois é ontologicamente neutro em relação às teses da *medição=revelação* e *medição=criação*. O aspecto problemático que desejo enfatizar aqui tem seu recorte nas interpretações que adotam a tese da *medição=criação*: enquanto não houver a interação $\mathcal{I}_1$, nenhum evento pode ser considerado atual, mas tão somente potencial. Explicitados esses pontos, passarei à análise da teoria da medição quântica de von Neumann.

3.2 O problema da medição

De acordo com Jammer (1974, p. 474), a teoria da medição de von Neumann ([1932] 1955) se assemelha à interpretação de Copenhague, na medida em que também atribui um papel fundamental à descontinuidade presente no ato da medição, mas, de forma contrária a Bohr, considera o instrumento de medição M um sistema quântico-mecânico. O raciocínio de von Neumann ([1932] 1955) fornece, para Gibbins (1987, p. 109), as condições necessárias para a formulação de uma teoria da medição em mecânica quântica, sendo a base conceitual para diversas outras teorias da medição.

O ponto de partida de von Neumann ([1932] 1955, p. 349–351) seria a suposição de que existem dois tipos de processos ou mudanças dos estados quânticos: o processo 1, chamado de "mudanças arbitrárias por medição", e o processo 2, chamado de "mudanças automáticas". O processo 1 é enunciado como "o ato descontínuo, não causal e instantâneo de experimentos ou medições"; o processo 2 é enunciado como a "mudança causal e contínua no curso do tempo". Ao passo que o processo 2 é descrito pelas leis de movimento da mecânica quântica,[2] o processo 1 não é. O processo 1 é irredutível e, portanto, não pode ser reduzido ao processo 2.

Enquanto o processo 2 envolve uma evolução contínua e determinista, o processo 1, ao contrário, envolve uma descontinuidade indeterminista e irreversível. O processo 1 descreve a transformação do estado de um sistema físico após o ato da medição, isto é, transforma o estado inicial de tal sistema (descrito pelo processo 2) em um estado inteiramente novo, não previsível pelas leis dinâmicas de movimento especificadas pelo processo 2. Isto é notável, pois ao passo que o processo 2 afirma que o estado final do sistema quântico em questão seja indeterminado em relação às suas propriedades calculáveis pela equação de movimento, o processo 1 afirma um valor determinado para tal estado final, registrado pelo ato da medição.

O problema da medição foi então delineado pela primeira vez de modo claro: é o problema da conjunção entre os dois processos que seriam, para von Neumann ([1932] 1955, p. 417), uma "peculiar natureza dual do procedimento da mecânica quântica". Mais adiante, afirma:

> [...] a mecânica quântica descreve os eventos que ocorrem nas partes observadas do mundo —contanto que elas não interajam com a parte observante— com o auxílio do processo 2; mas assim

---

[2] Frequentemente descrita pela "Equação de Schrödinger", como aponto no capítulo 6.

que uma interação ocorre, isto é, uma medição, é requerido a aplicação do processo 1. (von Neumann, [1932] 1955, p. 420).

Frequentemente, o experimento da dupla fenda é trazido para ilustrar tal afirmação.[3] Considere um aparato no qual elétrons são disparados da fonte em direção à tela detectora. Isso é feito com uma intensidade tão baixa, que somente um elétron por vez é disparado, de modo que sempre haja no máximo um elétron em todo o aparato. Para chegar nela, os elétrons precisam passar por uma das fendas, F_1 ou F_2, conforme representado na figura 3.1.

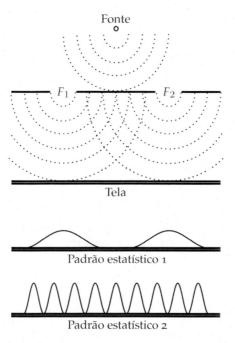

Figura 3.1: Esquema gráfico do experimento da fenda dupla.

De maneira bastante simplificada, o padrão estatístico 2 emerge quando a trajetória dos elétrons está sendo descrita pelo processo 2 (*e.g.*, pela Equação de Schrödinger). É um padrão de interferência que resulta da superpo-

---

[3] Ver Pessoa Jr. (2019a) para maiores detalhes.

sição entre o elétron ter passado por F_1 e o elétron ter passado por F_2. Sempre que uma medição é efetuada, no entanto, (*i.e.*, sempre que o processo 1 passa a descrever o experimento) o padrão estatístico 2 é modificado para o padrão estatístico 1. Ele representa que metade dos elétrons são detectados passando por F_1 e metade por F_2. Explicar tal mudança é parte do que está em jogo com o problema da medição. Para Pessoa Jr. (2022), o problema da medição *é* o problema do colapso. Vejamos como podemos entender essa afirmação em um cenário mais amplo.

Em uma taxonomia amplamente difundida, Maudlin (1995) define o problema da medição como a conjunção problemática entre as seguintes suposições sobre a descrição que a mecânica quântica dá aos sistemas físicos:

α) É uma descrição *completa*. Isto é, a suposição de que a mecânica quântica descreve todos os aspectos físicos do sistema físico em questão.

β) É uma descrição *linear*. Essa suposição afirma que a descrição quântica dos sistemas físicos deve ocorrer exclusivamente por processos lineares.

γ) É uma descrição que fornece resultados *únicos*.

Sem entrar em detalhes acerca de questões da matemática subjacente à discussão das interpretações da mecânica quântica, pode-se entender a razão pela qual a conjunção entre α, β e γ é problemática com o seguinte raciocínio. Suponha que $|\psi\rangle$ é uma descrição quântica do sistema quântico S, que pode ter os valores S_0 ou S_1. Se assumirmos a premissa α, então a descrição de S por $|\psi\rangle$ é completa, isto é, não há nada a se dizer de S, em termos físicos, além daquilo que é dito por $|\psi\rangle$. Como uma característica da descrição linear é a admissão de uma soma de resultados como um resultado, ao assumirmos β tem-se que $S_0 + S_1$ é uma descrição possível de S em termos de $|\psi\rangle$. No entanto γ pede que tenha-se, exclusivamente, S_0 *ou* S_1 como resultado de S pela descrição $|\psi\rangle$.

Assim, ao menos uma das três suposições acima deve ser negada. As interpretações da mecânica quântica dividem-se, em *qual* dessas suposições

Capítulo 3. A consciência colapsa

é negada. As interpretações do primeiro grupo são as que negam α. São as interpretações que introduzem *variáveis ocultas* no formalismo da medição. Num segundo grupo, estariam as interpretações que negam β e introduzem outras leis dinâmicas para a mecânica quântica, como o colapso. Por fim, no terceiro grupo estão as que negam γ, e introduzem o conceito de "ramificação". Essa é, de modo bastante geral, uma breve taxonomia das interpretações da mecânica quântica.[4]

A interpretação de von Neumann está dentre as interpretações do segundo grupo, que negam β. Para adequar a discussão que se segue a essa taxonomia, farei a seguinte escolha terminológica. Aquilo que von Neumann chamou de "processo 2" será chamado daqui pra frente de "evolução linear", e aquilo que ele chamou de "processo 1" será chamado, daqui adiante, de "colapso" (também referido, em algumas citações, como "redução"). O colapso é uma lei dinâmica não-linear, associada à evolução linear em processos de medição. O colapso, assim, é uma solução ao problema da medição —solução essa que, como veremos, introduz *diversos* outros problemas. As interpretações do primeiro e terceiro grupo serão consideradas brevemente no capítulo 4.

3.3 A interpretação da consciência causal

Antes de adentrar nas especificidades dessa particular interpretação da mecânica quântica, devo tecer alguns breves comentários de natureza sociológica. É notável que têm sido feitas muitas apropriações indevidas, que deturpam os assuntos que envolvem a mecânica quântica.

Isso foi tratado com maestria nos trabalhos de Pessoa Jr. (2011), de Souza Cruz (2011) e Machado (2017). No entanto, como mostram de Barros e Oas (2017), a interpretação da consciência causal não foi até o presente falseada

---

[4] Isso não quer dizer que tal taxonomia não apresente problemas. Muller (2023), por exemplo, oferece um exame crítico de tal taxonomia (por *trilema*), bem como uma taxonomia mais detalhada (por *polilema*) dos problemas da medição. Aqui atenho-me ao chamado "problema da realidade dos resultados", sendo o primeiro dos seis problemas da medição elencados por Muller (2023).

experimentalmente; e, mais ainda, não existem boas razões filosóficas para que tal interpretação seja descartada do rol de interpretações possíveis para a mecânica quântica (Arroyo e Arenhart, 2019). Tratarei dessa interpretação especificamente para esclarecer quais são os usos legítimos da consciência na mecânica quântica, e dimensioná-la como *mais uma* interpretação —e não *"A"* interpretação da mecânica quântica, como encontra-se em literaturas menos responsáveis sobre o assunto.[5]

A mecânica quântica considera a união ⟨objeto + aparato⟩ um único sistema, chamado sistema composto. No raciocínio de von Neumann ([1932] 1955), o sistema composto obtido por $\mathscr{I}_1$ não seria suficiente para completar uma medição. Se todos os objetos materiais (microscópicos ou macroscópicos) são constituídos por objetos quânticos, então a interação entre um objeto quântico (a ser medido) e um aparelho de amplificação (a supostamente medir) não completaria uma medição, mas ficaria atrelada à evolução linear.

Poder-se-ia sugerir que ao aparato M fosse acoplado um segundo aparato de medição M', na intenção de completar uma medição no sistema composto. Essa proposta, no entanto, levaria a uma regressão infinita de aparatos medidores na medida em que M' se relacionaria com M da mesma maneira que M se relaciona com $\mathscr{X}$ no caso do sistema composto ⟨objeto + aparato⟩, isto é, não conseguiria completar uma medição.

Esse aspecto problemático foi nomeado por d'Espagnat (1999, p. 167) de "cadeia de von Neumann". É preciso salientar que tal regressão infinita é uma dificuldade filosófica bastante séria para uma teoria, sendo um dos célebres paradoxos clássicos, conhecido como "redução ao infinito". Assim, o ato da medição deve ser uma operação finita, o que seria possível, ao que parece, somente por um ato de medição, em M, em "[...] um ato descontínuo, não causal e instantâneo", isto é, correspondente ao colapso. A questão ontológica ($\mathscr{O}_N$) dessa discussão reside justamente nas respostas para a questão sobre onde e como o referido "ato" do colapso acontece: von Neumann ([1932] 1955, p. 418–420) afirma, em um longo parágrafo (que reproduzirei

---

[5] Ver, por exemplo, Goswami (1993).

CAPÍTULO 3. A CONSCIÊNCIA COLAPSA

integralmente), que o ato da medição seria causado pela *percepção* do observador:

> Primeiro, é inerentemente e totalmente correto que a medição ou o processo relacionado à percepção subjetiva é uma nova entidade em relação ao ambiente físico e não é redutível a ele —de fato, a percepção subjetiva nos leva para a vida intelectual interior do indivíduo, que é extra observável por sua própria natureza (já que deve ser assumida por qualquer observação ou experimento concebível). (Veja a discussão nos parágrafos acima). No entanto, é uma exigência fundamental do ponto de vista científico —o chamado "princípio do paralelismo psico-físico"— que deva ser possível descrever o processo extra físico da percepção subjetiva como se ele fosse pertencente, na realidade, ao mundo físico —isto é, atribuir às suas partes processos físicos equivalentes no ambiente objetivo, no espaço comum. (É claro que nesse processo relacionando surge a frequente necessidade de localizar alguns desses processos em pontos situados dentro da porção do espaço ocupada pelos nossos próprios corpos. Mas isso não altera o fato de que eles pertençam ao "mundo sobre nós", o ambiente objetivo referido anteriormente.) Num exemplo simples, estes conceitos podem ser aplicados do seguinte modo: desejamos medir uma temperatura. Se quisermos, podemos prosseguir com esse processo numericamente até que tenhamos a temperatura do ambiente do recipiente de mercúrio através do termômetro, e então dizer: essa temperatura foi medida pelo termômetro. Mas podemos levar o cálculo adiante e, a partir das propriedades do mercúrio, que podem ser explicadas em termos cinéticos e moleculares, podemos calcular seu aquecimento, expansão, e o comprimento resultante da coluna de mercúrio, e em seguida dizer: esse é o comprimento visto pelo observador. Indo ainda mais longe, e levando a fonte de luz em consideração, nós poderíamos encontrar o reflexo do quanta de

luz sobre a coluna opaca de mercúrio, e o caminho do quanta de luz remanescente até o olho do observador, sua refracção na lente do olho, e a formação uma imagem sobre a retina, e em seguida nós diríamos: essa imagem é registada pela retina do observador. E se o nosso conhecimento fisiológico fosse mais preciso do que é hoje, poderíamos ir ainda mais longe, traçando as reações químicas que produzem a impressão dessa imagem na retina, no nervo ótico e no cérebro, e então, no final, dizer: essas mudanças químicas de suas células cerebrais são percebidas pelo observador. Mas em qualquer caso, não importa o quão longe calcularmos —do recipiente de mercúrio, com a escala do termômetro, para a retina, ou no cérebro— em algum momento devemos dizer: "e isso é percebido pelo observador". Ou seja, devemos sempre dividir o mundo em duas partes, uma sendo o sistema observado e a outra sendo o observador. No primeiro caso, podemos acompanhar todos os processos físicos (pelo menos a princípio) com uma precisão arbitrariamente grande. No último caso, isso é insignificante. A fronteira entre os dois é bastante arbitrária. Em particular, vimos nas quatro possibilidades diferentes do exemplo acima que o observador, nesse sentido, não deve ser identificado com o corpo do observador real: num dos casos do exemplo acima, incluímos até mesmo o termômetro, enquanto em outro exemplo, até mesmo os olhos e as vias do nervo óptico não foram incluídos. Levar esse limite profundamente de forma arbitrária para o interior do corpo do observador é o teor real do princípio do paralelismo psico-físico —mas isso não altera o fato de que em cada método da descrição a fronteira deva ser posta em algum lugar, se não for para o método continuar vagamente, isto é, se uma comparação com a experiência deve ser possível. De fato a experiência só faz declarações deste tipo: um observador realizou certa observação (subjetiva);

CAPÍTULO 3. A CONSCIÊNCIA COLAPSA

e nunca alguma como esta: uma grandeza física tem um determinado valor. (von Neumann, [1932] 1955, p. 418–420).

Embora von Neumann não tenha mencionado a palavra *consciência*, parece ser unânime, dentre as diversas leituras dessa famosa passagem, que von Neumann ([1932] 1955, p. 420) se refere à *"consciência* do observador" quando enuncia o poder causal da *"percepção subjetiva* do observador". Em outra passagem, von Neumann ([1932] 1955, p. 421) enuncia o observador como um *"ego* abstrato", isto é, um "eu", uma subjetividade abstrata. Assim, para von Neumann ([1932] 1955, p. 418–421), somente algo fora do sistema composto por $\langle X \wedge M \rangle$ —tal como a consciência do observador O— poderia dar cabo à tal cadeia infinita, reintroduzindo a interação psicofísica I_2 na teoria da medição.

A principal motivação histórica para essa interpretação, de acordo com Jammer (1974, p. 480), seria uma série de longas conversas que von Neumann ([1932] 1955, nota 218) mantinha com Szilárd, que teria publicado um estudo influente sobre a intervenção de um ser inteligente em um sistema termodinâmico. O estudo de Szilárd (1983), para Jammer,

> [...] marcou o início de especulações instigantes sobre o efeito de uma intervenção física da mente sobre a matéria e, assim, abriu o caminho para a afirmação de longo alcance de von Neumann, sobre a impossibilidade de formular uma teoria completa e consistente de medição mecânica quântica sem referência à consciência humana. (Jammer, 1974, p. 480).

A fim de discutir tal situação, von Neumann ([1932] 1955, p. 421) divide o universo de discurso em três partes correspondentes à notação (adaptada de Arroyo e Arenhart, 2019) I, II e III:

I $\stackrel{\text{def}}{=}$ Objeto (ou sistema) a ser observado.

II $\stackrel{\text{def}}{=}$ Instrumento de medição.

III $\stackrel{\text{def}}{=}$ Ego abstrato do observador.

Em todos os casos, o resultado da medição em I efetuada por $\langle II + III \rangle$ é o mesmo do que a medição em $\langle I + II \rangle$ efetuada por III. No primeiro caso, a evolução linear se aplica a I e, no segundo caso, a $\langle I + II \rangle$. Em todos os casos, a evolução linear não se aplica a III, isto é, III é a única parte para qual o colapso se aplica em todos os casos.[6]

Utilizarei o famoso experimento mental do gato de Schrödinger ([1935] 1983, p. 157) para ilustrar tal problemática, uma vez que se trata de uma situação idealizada poucos anos mais tarde da publicação de von Neumann ([1932] 1955), para explicitar a dificuldade do "problema da medição" na mecânica quântica. O experimento mental do gato de Schrödinger ([1935] 1983) seria uma extrapolação da descrição quântica da realidade. Antes de introduzir o —agora famoso— experimento de pensamento, Schrödinger ([1935] 1983, p. 157) precede do seguinte aviso: "pode-se até mesmo imaginar casos ridículos" (*sic*). Porque o experimento é demasiadamente gráfico com felinos, precederei de uma analogia mais "humanizada", como recomendada por Putnam (2012)[7] do experimento de pensamento do gato de Schrödinger. Agora, o experimento envolve a possibilidade do felino em jejum ser alimentado ou mantido em jejum —a depender de uma cadeia de eventos que inicia-se com o decaimento de um objeto quântico. Nas palavras (modificadas) dele:

> Um gato [em jejum] é posicionado em uma câmara de aço, juntamente com o seguinte dispositivo diabólico (que deve ser resguardado contra a interferência direta do gato): um contador Geiger [detector de radiação] com um pouco de substância radioativa, *tão* pouco que, *talvez* no curso de uma hora, um dos átomos decai —mas também, com igual probabilidade, talvez nenhuma; se isso acontece, o detector é acionado e, através de um dispositivo elétrico, [alimenta o gato]. Se o sistema for deixado a si mesmo por uma hora, poder-se-ia dizer que o gato [permanece

---

[6] Ver também Breuer (2001, p. 78).

[7] Putnam (2012, p. 183) afirma que essa é uma ideia retirada de John Bell (*"Sally's cat"*), mas confesso que falhei em encontrar a referência para tal.

Capítulo 3. A consciência colapsa

em jejum] *se* enquanto isso nenhum átomo decaiu. O primeiro decaimento atômico o teria [alimentado]. A função de onda de todo o sistema poderia expressar isso por ter nela o gato [em jejum] e o gato [alimentado] (desculpe a expressão) misturado ou espalhado em partes iguais. (Schrödinger, [1935] 1983, p. 157, ênfase original).

O núcleo do argumento está contido na ideia de que, até que uma observação direta seja efetuada sobre o sistema em questão (o que corresponde, nessa interpretação, ao colapso), a descrição do formalismo quântico não forneceria nada além de *possibilidades*, com igual probabilidade, de dois estados atuais que são *contrários*.

Façamos aqui uma pequena digressão lógica. Na literatura tradicional, esse raciocínio é frequentemente expresso por meio da sentença "estados contraditórios", no que se refere ao estado de superposição entre os estados "em jejum" e "alimentado". No entanto, o correto seria utilizar a sentença "estados contrários", tendo em vista a definição de tais termos no clássico quadrado de oposições, em que uma situação de contraditoriedade se estabelece quando duas proposições não podem ser simultaneamente verdadeiras nem simultaneamente falsas, e uma situação de contrariedade se estabelece quando duas proposições não podem ser simultaneamente verdadeiras, mas podem ser simultaneamente falsas. Krause (2010) propõe que a superposição seja entendida como um terceiro estado, um estado "novo":

> [...] em certas "situações quânticas", nomeadamente nas de superposição, não podemos de modo algum dizer —como parece fácil de fazer a partir de uma visão "clássica"— que dois objetos quânticos, como dois elétrons, quando em superposição de dois estados ψ_1 e ψ_2 (ou seja, quando são descritos por uma função de onda $\psi_{12} = \psi_1 + \psi_2$) estão em um dos dois estados. Nem no outro, nem em ambos, nem em nenhum —que seriam as quatro situações logicamente possíveis (de um ponto de vista "clás-

sico"—, mas podemos dizer que estão em um "novo" estado, o de superposição de ψ_1 e ψ_2. (Krause, 2010, p. 128).

No caso do exemplo do gato de Schrödinger ([1935] 1983, p. 157), tem-se três estados: o estado "em jejum", o estado "alimentado" e o estado "superposto". No último, as proposições "o gato está em jejum" e "o gato está alimentado" são simultaneamente falsas, o que parece configurar uma relação de contrariedade e não de contraditoriedade. Essa forma de interpretar o estado de superposição se coaduna com o fato de que os vetores matemáticos que representam os estados "em jejum" e "alimentado" são ortogonais, e não a negação um do outro.[8]

Pois bem, voltemos ao assunto principal. Na interpretação de von Neumann ([1932] 1955), tal quadro se traduziria na afirmação de que nenhum evento atual ocorreria até que o sistema composto —isto é, o sistema quântico e o aparelho de medição— seja percebido pelo ego abstrato do observador. Isto é, como vimos no capítulo 2, o estado de tudo o que há dentro da caixa (em particular, o felino) antes da medição é *indeterminado*: o estado de coisas dentro da caixa não possui como bem-definidas as suas propriedades determináveis determinadas. Esse ponto de vista, como também vimos no capítulo 2, era inaceitável para Einstein. Em uma carta endereçada a Schrödinger em 1950, Einstein reitera tal insatisfação (*viz.*, que o resultado *passa a existir* no momento da medição, algo que vimos nos capítulos anteriores como "*medição=criação*"):

> Você é o único físico contemporâneo, além de Laue, que percebe que não se pode contornar a suposição da realidade —desde que sejamos honestos. A maioria deles simplesmente não percebe que tipo de jogo arriscado estão fazendo com a realidade —a realidade é algo independente do que é estabelecido experimentalmente. De alguma forma, eles acreditam que a teoria quântica fornece uma descrição da realidade,

---

[8] Para uma discussão aprofundada e atualizada sobre o assunto, ver também Arenhart e Krause (2016) e uma réplica em de Ronde (2019a).

CAPÍTULO 3. A CONSCIÊNCIA COLAPSA

e até mesmo uma descrição *completa*; no entanto, essa interpretação é refutada de maneira mais elegante pelo seu sistema de átomo radioativo + contador Geiger + amplificador +
[alimentador elétrico] + gato em uma caixa, no qual o estado do
sistema contém o gato tanto [em jejum] quanto [alimentado]. O
estado do gato deve ser criado apenas quando um físico investiga
a situação em algum momento definido? Ninguém realmente
duvida de que a presença ou ausência do gato seja algo independente do ato de observação. Mas então a descrição por meio
do estado quântico é certamente incompleta, e deve haver uma
descrição mais completa. (Einstein, [1950] 1967, p. 39, ênfase original).

Pelo que foi considerado até aqui, existem ao menos duas leituras possíveis
da teoria da medição de von Neumann ([1932] 1955), sendo uma ontológica
e outra puramente lógica. Considerando a análise lógica, faço referência ao
estudo de Breuer (2001, p. 80–81), que faz uma aproximação entre a hierarquia infinita dos tipos lógicos, da linguagem-objeto e das infinitas metalin-
guagens subjacentes (isto é, a metametalinguagem, a metametametalingua-
gem, etc.) de Tarski (1956, p. 241–265) e a cadeia infinita de observações de
von Neumann ([1932] 1955). Para Breuer (2001, p. 80), tais hierarquias infinitas estão intimamente ligadas com o raciocínio da incompletude de Gödel
([1931] 1967, p. 610, nota 48), o qual admite textualmente que "[...] a verdadeira razão para a incompletude é que a formação de tipos cada vez mais
elevados pode ser continuado transfinitamente".

Na teoria da verdade de Tarski (1956), uma predicação da noção de verdade aplicável a todas as sentenças da linguagem-objeto não é parte da
linguagem-objeto, mas de um tipo lógico de hierarquia mais alta, isto é, uma
metalinguagem. Se o termo "verdade" for intercambiado por "demonstrabilidade", o raciocínio da incompletude de Gödel ([1931] 1967, p. 592–616)
poderia ser parafraseado, segundo Breuer (2001, p. 80), da seguinte maneira:
"um conceito de demonstrabilidade que é formulado dentro de um sistema
formal não pode ser aplicado a todas as sentenças desse mesmo sistema".

Voltando ao raciocínio da hierarquia infinita na teoria da medição de von Neumann ([1932] 1955), uma medição não está completa no sistema

$$\langle \mathcal{X} \wedge M \rangle, \tag{3.12}$$

$$\langle \mathcal{X} \wedge M \wedge M' \rangle, \text{ou} \tag{3.13}$$

$$\langle \mathcal{X} \wedge M \wedge M' \wedge M'' \rangle \tag{3.14}$$

etc. até que o colapso ocorra, o que somente aconteceria pela ação de um agente fora do sistema, ou seja, externo.

Nesse preciso sentido, a função de tal observador O externo pode ser aproximada a um funcionamento metateórico, isto é, a um nível lógico mais alto (um *meta*-nível). Para Breuer (2001, p. 81), a aproximação feita entre a concepção de "obter uma prova de uma afirmação" e concepção de "obter o resultado de uma medição" seria válida na medida em que "'medição' e 'prova' são ambos conceitos semânticos que estabelecem uma relação entre um formalismo físico ou matemático, e aquilo ao qual o formalismo refere".

Pela sentença com um valor de verdade tal como "completar uma medição", refiro-me a um evento, cuja probabilidade "P" de resultado "R" seja, exclusivamente, ao menos um dos dois resultados possíveis, "s" e "s'", em que a probabilidade dos dois resultados possíveis seja equivalente, de modo que $R(s) = R(s')$. O colapso indica que o estado de R é (por exemplo) s' (e, consequentemente, não-s). Nesse preciso sentido, o observador deve estar fora dos limites da física. Dito de outro modo, da mesma forma que para Bohr, para von Neumann o agente causal da medição, isto é, aquilo que completa uma medição está para além dos limites da física quântica:

> [...] é inerentemente inteiramente correto que a medição ou o processo relacionado à percepção subjetiva seja uma nova entidade em relação ao ambiente físico e não pode ser reduzido a esse último. De fato, a percepção subjetiva nos leva para a vida interior intelectual do indivíduo que é extra observacional, por sua própria natureza. (von Neumann, [1932] 1955, p. 421).

CAPÍTULO 3. A CONSCIÊNCIA COLAPSA

Esse é o motivo pelo qual Breuer (2001, p. 79–80) delineia o problema da medição em física quântica como o problema da compatibilidade entre o que está fora da física (tal como o colapso) e o que está dentro da física (tal como a evolução linear).

Dessa forma, por mais que a teoria da medição de von Neumann ([1932] 1955) incorra na mesma dificuldade de Bohr, no que tange à arbitrariedade da diferenciação entre o que é e o que não é domínio da mecânica quântica, seu ganho é de especificar a discussão para os campos lógicos e ontológicos e não tão somente explicitar uma cisão arbitrária entre o que é um objeto quântico e o que não é. Ainda assim, de acordo com L. Becker (2004, p. 121), existe uma concepção recebida acerca da teoria da medição de von Neumann segundo a qual o colapso é um processo físico que "modifica de modo indeterminista o estado do sistema que está sendo medido". Para L. Becker (2004, p. 123), o aspecto central dessa concepção recebida é considerar o colapso como um *processo físico* "que ocorre durante o processo de uma medição, embora não seja especificado em qual instante".[9] E aqui vemos como a noção de colapso revisa a tese da previsibilidade e determinismo causal (página 19): sob certas situações, a dinâmica quântica não é determinada ou necessitada pelas condições iniciais do sistema, já que o colapso é indeterminista.

Dadas as características lógicas da teoria da medição de von Neumann ([1932] 1955), passo à discussão em torno de seus aspectos ontológicos. Foi possível constatar que a posição de von Neumann ([1932] 1955) em relação ao problema da medição está comprometida ontologicamente com um novo objeto que compõe o mobiliário do mundo, isto é, com uma nova entidade com poder causal para completar uma medição: o "ego abstrato", que tem certas características ontológicas, por exemplo, ser um domínio da existência *distinto* do domínio físico. Tradicionalmente, a entidade do tipo "ego abstrato" fora entendida como consciência. No entanto, como observado por Bueno (2019a), essa generalização pode ser apressada, e até mesmo

---

[9] Sobre a referida "concepção recebida" do colapso, ver Everett (1957), Stapp (1982), Albert (1992), e Barrett (1999).

equivocada. Essa não foi a única confusão conceitual encontrada na literatura.

Conforme aponta Jammer (1974, p. 482), a teoria da medição formulada por von Neumann ([1932] 1955), que culmina na tese de que a consciência é o agente causal responsável pelo ato da medição, não seria acessível a grande parte dos físicos experimentais da época na medida em que, sendo demasiadamente formal, requereria dos interlocutores um alto conhecimento de matemática. No entanto, tal teoria foi reelaborada por London e Bauer ([1939] 1983) em um estudo que Jammer (1974, p. 482) considera uma apresentação "[...] concisa e simplificada" da teoria da medição de von Neumann ([1932] 1955).

O interesse de London por filosofia, especificamente pelo problema mente-corpo é documentado em uma pequena biografia escrita por sua esposa, Edith London (1961, pp. X–XIV). Dentre suas influências filosóficas, Jammer (1974, p. 482–483) destaca Pfänder, objeto de análise na tese de doutorado em filosofia de London e, principalmente, seu professor de filosofia em Munique, Erich Becher. De acordo com Jammer (1974, p. 482–483), a tese, apresentada no Instituto Arnold Sommerfeld em Munique, trata sobre Pfänder (1904), que influenciara a teoria psicológica de Lipps (1907) que, então influenciaria a concepção de medição em mecânica quântica de London. Jammer (1974, p. 483) também ressalta que o estudo de London e Bauer ([1939] 1983) faz referência a duas obras de Becher (1907, 1921), para quem o problema mente-corpo seria a questão central em toda a filosofia.

Em relação aos problemas da filosofia da mente, Becher rejeitaria, segundo Jammer (1974, p. 484), a doutrina do epifenomenalismo, isto é, o pensamento segundo o qual os processos mentais emergem ou são causados pelos processos cerebrais, e defende o interacionismo, isto é, o pensamento segundo o qual os processos físicos "[...] permeiam o cérebro em um curso contínuo e produzem, além de efeitos físicos, efeitos psíquicos que, por sua vez, afetam de forma decisiva os eventos físicos". É natural que London tenha acatado a crítica de Becher acerca do epifenomenalismo, uma vez que tenha dado continuidade à ideia de que a consciência age sobre a matéria.

Capítulo 3. A consciência colapsa

Para Jammer (1974, p. 484), London teria encontrado na mecânica quântica, especificamente no problema da medição, conforme delineado por von Neumann ([1932] 1955), um campo para aplicar tais ideias filosóficas, na medida em que, na interpretação de London e Bauer ([1939] 1983, p. 251), a interação entre um objeto microfísico e um aparelho macroscópico de medição não seriam suficientes para produzir uma medição, de modo que uma medição ocorre somente quando tal sistema composto ⟨objeto + aparato⟩ é "observado", ou "medido". No caso, seria a consciência que de fato causa o colapso, isto é, completa uma medição.

Tal afirmação deve, no entanto, ser melhor caracterizada, visto que existe um caráter ontológico da proposta London e Bauer ([1939] 1983) que difere da proposta de von Neumann ([1932] 1955). A interpretação de London e Bauer ([1939] 1983), como aponta Abner Shimony (1963, p. 759), considera que o observador está no mesmo nível ontológico que o sistema composto (sistema microscópico e aparato de medição), de modo que "London e Bauer não parecem atribuir uma posição transcendente ao observador". Isto é, ao passo que von Neumann ([1932] 1955) enfatiza o caráter não-físico do observador, London e Bauer ([1939] 1983, p. 251) consideram que o observador está no mesmo sistema composto que o sistema microscópico e o aparato de medição, que pode ser representado como ⟨objeto + aparato + observador⟩.

O observador teria, ainda assim, um papel distinto dentro do sistema composto. A tese subjetivista, atribuída a von Neumann devido à passagem em que considera o "ego abstrato" do observador o agente causal da medição, parece se tornar explícita na teoria de London e Bauer quando, em uma passagem decisiva, afirmam que a "faculdade de introspecção" é central no processo de medição:

> O observador tem uma impressão completamente diferente. Para ele, é apenas o objeto x e o aparelho y que pertencem ao mundo externo, para o que ele chama de "objetividade".
>
> Por outro lado, ele tem consigo mesmo relações de uma maneira muito diferente. Ele possui uma faculdade característica e bastante familiar que podemos chamar de "faculdade de introspec-

ção". Ele pode acompanhar cada momento de seu próprio estado. Em virtude desse "conhecimento imanente" ele atribui a si o direito de criar a sua própria objetividade —ou seja, cortar a cadeia de correlações estatísticas [...]. É apenas a consciência de um "eu" que pode separá-lo da função anterior [...] e, em virtude de sua observação, configurar uma nova objetividade ao atribuir para o objeto uma nova função dali pra frente [...]. (London e Bauer, [1939] 1983, p. 252).

A consciência individual do observador, sua faculdade interna, de introspecção, é considerada por London e Bauer ([1939] 1983, p. 252) um sistema distinto do sistema composto material —que se define pela interação entre o objeto microfísico e o aparelho medidor macroscópico— de modo que esse sistema, não sujeito às leis da mecânica quântica, é causal no sistema material. Como aponta Shimony (1963, p. 759), o observador "[...] por possuir a faculdade de introspecção, pode conceder a si mesmo a abstração dos sistemas físicos com os quais interage". Em outras palavras, a interpretação subjetivista parece sugerir um estatuto ontológico privilegiado para a consciência individual do observador humano no universo. Dito ainda de outro modo, essa interpretação se compromete ontologicamente com uma entidade mental que causa sobre uma entidade material, ponto em que Jammer (1974, p. 484) traça a influência de Becher no pensamento de London. Nesse ponto, as teses de von Neumann ([1932] 1955) *parecem* London e Bauer ([1939] 1983) se alinhar.

É justamente nesse ponto que muitos comentadores se equivocaram. Como mostraram os estudos de French (2002, 2020, 2023), a teoria da medição de London e Bauer ([1939] 1983) não exige que a faculdade de introspecção do observador *cause* o colapso, mas que *reconheça* o colapso. Esse é motivo pelo qual a chave filosófica de leitura para a teoria da medição de London e Bauer ([1939] 1983, p 252) esteja na fenomenologia Husserliana, como troca de doação de sentido, e não causa —muito menos subjetivista.[10] Essas são, portanto, as duas principais confusões conceituais encontradas

---

[10] Para mais uma breve discussão sobre esse ponto, ver Arroyo e Nunes Filho (2018).

Capítulo 3. A consciência colapsa

na literatura: 1) a identificação de von Neumann ([1932] 1955) com a tese de que a consciência causa o colapso; e 2) a identificação de London e Bauer ([1939] 1983) com 1). De modo mais preciso, pode-se afirmar que o predecessor da interpretação da consciência causal, que considera que é *de fato* a consciência do observador que causa o colapso seria Wigner ([1961] 1983), na situação conhecida como o "amigo de Wigner". Suponha que todas as interações possíveis entre um indivíduo humano com um dado sistema físico se resumam a olhar para certo ponto em certa direção nos instantes de tempo $\{t_0, t_1, t_2, \ldots, t_n\}$, e que as sensações possíveis que tal indivíduo possa vir a ter se resumam às de ver ou não ver um *flash* de luz; suponha, ainda, que a formulação matemática representando a possibilidade do indivíduo ver o *flash* seja uma função de onda $|\psi_1\rangle$ e que uma função de onda $|\psi_2\rangle$ represente a possibilidade do indivíduo não ver o *flash*.

Assim, a comunicabilidade da função de onda, qualquer que seja o resultado, dependeria daquilo que o indivíduo observou. Em outras palavras, ele poderia nos dizer qual das funções de onda seria o caso, isto é, se o indivíduo viu ou não viu o *flash* de luz. Espera-se que o resultado seja objetivo no preciso sentido em que seja comunicável, isto é, no caso de perguntarmos para um indivíduo $\mathscr{X}$ o resultado da interação num instante t, um outro indivíduo, $\mathscr{Y}$, que interagisse com o sistema num instante $t + 1$ poderia se utilizar do resultado obtido em t como se fosse $\mathscr{Y}$, e não $\mathscr{X}$, que tivesse interagido com o sistema no instante t.

O raciocínio do experimento mental consiste em questionar o estado do indivíduo $\mathscr{X}$, que observa o sistema no instante t antes de comunicar o resultado para o indivíduo $\mathscr{Y}$. Dito de outro modo, o experimento mental propõe uma situação em que alguém realiza uma observação em um sistema. No caso, supondo que $\mathscr{Y}$ seja o próprio Wigner e que $\mathscr{X}$ seja o amigo de Wigner, qual seria o estado do sistema no instante de tempo entre a interação de $\mathscr{X}$ em t e a comunicação do resultado da interação para $\mathscr{Y}$ no instante $t + 1$?

Isto é, se for assumido que o estado inicial seja uma combinação linear dos dois estados possíveis relacionados com a probabilidade de que cada um dos estados seja o caso, o estado do sistema composto na interação

⟨objeto+observador⟩ (em que o termo "observador" corresponde ao amigo) poderia ser descrito pela mecânica quântica através uma equação linear. No entanto, de acordo com a mecânica quântica, tal descrição pretendida não é alcançada. A descrição de objetos físicos por meio da função de onda descreve diversas situações possíveis, com dado peso estatístico de ocorrerem, mas não descreve resultados únicos independentes de uma medição. Como consequência disso, antes que o amigo diga o resultado (isto é, se viu ou não viu o *flash*), a descrição quântica é uma função de onda atribuída ao sistema composto ⟨objeto + amigo⟩.

Assim, Wigner ($\mathscr{Y}$) pode interagir com o sistema composto ⟨objeto + amigo⟩ perguntando ao amigo ($\mathscr{X}$) se ele viu algum *flash*. A título de precisão, o termo utilizado no texto de Wigner é "mistura". Ele se refere, contudo, ao termo técnico chamado "mistura estatística", denotado pelo operador ρ, utilizado no formalismo da mecânica quântica para designar situações de ignorância. No entanto, como apontou French (2002, p. 483, nota 27), o termo "mistura" designava, na época, aquilo que hoje chama-se de "superposição". Qualquer que seja o caso, a função de onda do sistema composto se modifica para um caso em que o objeto passa a ser descrito por um estado único. Tal mudança ocorre somente em contato com $\mathscr{Y}$:

> [...][A] mudança típica na função de onda ocorre somente quando alguma informação (o "sim" ou "não" do meu amigo) entra na minha consciência. Disso se segue que a descrição quântica dos objetos é influenciada por impressões que entram na minha consciência. (Wigner, [1961] 1983, p. 173).

Wigner considera que a consciência do observador modifica ativamente o conhecimento[11] do sistema e, com isso, as condições de previsibilidade do sistema dos *flashes*, isto é, modifica sua representação matemática através da função de onda:

> [...] a impressão que se obtém em uma interação, chamada tam-

---

[11] Wigner ([1961] 1983, p. 169, nota 3) se utiliza dos textos posteriores de Heisenberg ([1958] 1995), em que o autor se refere ao termo consciência como "conhecimento".

CAPÍTULO 3. A CONSCIÊNCIA COLAPSA

bém de o resultado de uma observação, modifica a função de
onda do sistema. A função de onda modificada é, além disso, em
geral imprevisível antes que a impressão adquirida na interação
entrasse em nossa consciência: é a entrada de uma impressão em
nossa consciência, que altera a função de onda porque modifica
a avaliação das probabilidades para diferentes impressões que
esperamos receber no futuro." (Wigner, [1961] 1983, p. 172–173).

A situação proposta é análoga à cadeia infinita de observações de von Neumann ([1932] 1955): enquanto a interação do sistema composto ⟨objeto +
amigo⟩ estiver no mesmo nível, não há, de fato, uma medição.

Há que se perguntar "quem observa o observador?", pois até que um
observador final interaja com o sistema composto, uma medição não estará
completa. Para Wigner ([1961] 1983, p. 176), quem teria tal posição privilegi-
ada seria ele mesmo, isto é, o amigo, ocupando uma posição intermediária,
não poderia ter o resultado da observação registrado em sua consciência a
despeito do observador final: "[...] a teoria da medição, direta ou indireta,
é logicamente consistente desde que eu mantenha minha posição privilegi-
ada de observador final". Ainda assim, se depois de completada a situação
proposta acima, Wigner ([1961] 1983, p. 176) perguntar ao amigo sobre o
estado do objeto $\mathcal{S}$ antes da interação entre $\mathcal{X}$ e $\mathcal{Y}$ proposta no raciocínio
acima, o amigo responderia (a depender do que tenha sido o caso de $\mathcal{S}$) que
"eu já lhe disse, eu vi [não vi] um *flash*".

Para ilustrar a problemática que está em jogo, Wigner ([1961] 1983,
p. 177) propõe que o papel do observador intermediário seja trocado: ao
invés do amigo, que se utilize um simples aparelho físico de medição, que
amplificaria o sinal de um átomo que poderia (ou não) ser excitado pela
luz do *flash* no sistema $\mathcal{S}$. Nesse caso, como aponta Jammer (1974, p. 499),
não haveria dúvida de que uma representação matemática, através de uma
equação linear, poderia descrever o sistema composto ⟨objeto + aparato⟩
—contrariamente à assunção de que tal interação poderia indicar o estado
atual de $\mathcal{S}$. Com isso em mente, se modificarmos novamente o observador
intermediário, voltando a considerá-lo como o amigo, a representação ma-

temática, de acordo com Wigner ([1961] 1983, p. 177) "[...] parece absurda, pois implica que meu amigo estaria em um estado de animação suspensa antes de responder à minha pergunta", isto é, parece absurda, por implicar não só que o objeto $\mathcal{S}$ não teria seu estado atual desenvolvido (ou seja, o *flash* não teria nem não teria sido disparado) mas, principalmente, que o amigo não teria sua própria existência atualizada até que houvesse a ação interativa de $\mathcal{Y}$ sobre o sistema composto ⟨objeto + amigo⟩.

A fim de esclarecer tal dificuldade, Wigner conclui que:

> Segue-se que o ser com uma consciência deve ter um papel diferente na mecânica quântica que o dispositivo de medição inanimado: o átomo considerado acima [...]. Esse argumento implica que "meu amigo" tem os mesmos tipos de impressões e sensações como eu —em particular, que, depois de interagir com o objeto, ele não está nesse estado de animação suspensa [...]. (Wigner, [1961] 1983, p. 177–178).

Quando Wigner ([1961] 1983, p. 177) descreve que o amigo está em um estado de suspensão, parece sugerir que no raciocínio todo só há *um* colapso, isto é, somente um momento em que uma medição é efetivamente realizada: quando Wigner (e não o amigo) tem consciência de todo o processo através da interação com o amigo.

Um raciocínio semelhante foi proposto por Penrose (1989, p. 290–293), que revisita a situação do gato de Schrödinger, adicionando no raciocínio um observador humano —propriamente vestido com um traje que o proteja do veneno— dentro da caixa onde se encontra o gato e todo o restante do aparato que envolve o experimento mental de Schrödinger ([1935] 1983). No experimento revisitado por Penrose (1989, p. 293), o observador de dentro, que visualiza diretamente o que ocorre com o gato, e o observador de fora, que é limitado pelo cálculo das probabilidades sobre o que ocorre com o gato, teriam, forçosamente, impressões discrepantes sobre o que acontece com o gato. Isso ocorreria até que a caixa fosse aberta, quando as impressões tornariam-se precisamente as mesmas.

Capítulo 3. A consciência colapsa

Tal situação é oportuna para visualizarmos a dificuldade apresentada por Wigner ([1961] 1983). Acatando-se a tese de que a consciência humana (individual/subjetiva) é de alguma maneira causa do que acontece com o gato, ter-se-ia a mesma situação que ocorre com o raciocínio do amigo de Wigner: a consciência de quem atuou como agente causal no caso proposto por Penrose? A do observador de dentro ou do observador de fora? É relevante constatar que von Neumann ([1932] 1955, p. 445) já havia considerado que haveriam dificuldades no caso de mais de um observador concomitante, mas a situação fora levada ao limite somente por Wigner ([1961] 1983).

A situação, no entanto, é desconcertante do ponto de vista conceitual. Para enfatizar, vou unir os paradoxos que vimos até aqui em uma única situação. Vamos dar um nome para a tal amizade de Wigner que deu origem ao paradoxo; convenientemente, junto com Albert (1992), nomearei a amiga de Wigner como "Martha". Suponha que Martha está interagindo com um gato de Schrödinger, e que ela possa acompanhar a situação do felino por um dispositivo de medição. Suponha que o dispositivo aponta para o ponteiro "S_0" caso o gato permaneça em jejum (em decorrência do não-decaimento do objeto quântico) e para o ponteiro "S_1" caso o gato seja alimentado (em decorrência do decaimento do objeto quântico). A situação em que Wigner se encontra antes de encontrá-la é uma superposição "$S_0 + S_1$". E é precisamente essa superposição que é conceitualmente desconcertante:

> É uma superposição de um estado em que Martha pensa que o ponteiro está apontando para "$[S_0]$" e outro estado em que Martha pensa que o ponteiro está apontando para "$[S_1]$"; é um estado em que não há nenhuma questão de fato sobre se Martha pensa ou não que o ponteiro está apontando em uma direção específica. [...] Isso não é nada parecido com um estado em que Martha está, digamos, confusa sobre para onde o ponteiro está apontando. Isso (merece ser repetido) é algo realmente estranho. Este é um estado em que [...] não é certo dizer que Martha acredita que o ponteiro está apontando para "$[S_0]$", e não é certo

dizer que Martha acredita que o ponteiro está apontando para "[S_1]", e não é certo dizer que ela tem essas duas crenças (o que quer que isso signifique), e não é certo dizer que ela não tem nenhuma dessas crenças. (Albert, 1992, p. 79).

3.3.1 O problema ontológico

Atribuir um papel causal à consciência individual de uma pessoa pode levar a uma dificuldade filosófica bastante séria, que é o solipsismo, isto é, a implicação de que exista uma única subjetividade real e que todas as outras subjetividades sejam irreais ou ilusórias. London e Bauer ([1939] 1983, p. 258) já haviam reconhecido essa dificuldade ao reiterar que, em mecânica quântica, a existência de um objeto físico depende do ato da medição que, por sua vez, "[...] está intimamente ligado à consciência da pessoa que realiza [a medição], como se a mecânica quântica nos levasse a um completo solipsismo". Para enfrentar a problemática do solipsismo, os autores argumentam em favor de um consenso intersubjetivo dos fenômenos externos, visto que, na prática cotidiana, os fenômenos objetivos ocorrem como se fossem de fato objetivos no sentido de serem públicos e comuns a mais de uma subjetividade. Isso se apoiaria no fato de que existe tal coisa como uma comunidade científica, o que só seria possível mediante tal consenso intersubjetivo.

Jammer (1974, p. 485) considera que tal tentativa de superar o solipsismo através do consenso intersubjetivo acaba por entrar em contradição com a hipótese inicial de que os dois componentes do sistema composto ⟨objeto+aparato⟩ estejam no mesmo nível ontológico. De fato, existe uma dificuldade, pois como poderia um sistema composto, causado por uma consciência individual $\mathscr{C}i_1$, ser objetivo, isto é, publicamente acessível a outras consciências individuais $\mathscr{C}i_2 \dots \mathscr{C}i_n$ numa situação em que $\mathscr{C}i_1$ não estivesse ciente do sistema composto? Isto é, a contradição está em assumir a existência de um objeto que, num raciocínio posterior, não existe por si, mas tão somente diante de uma consciência individual.

Da mesma forma, a situação proposta por Wigner ([1961] 1983, p. 173) parece sugerir uma interpretação solipsista, como vê-se no trecho: "[o] solipsismo pode ser logicamente consistente com a mecânica quântica presente; já o monismo, no sentido materialista, não é". Claramente, Wigner ([1961] 1983, p. 178) não fica contente com essa implicação ontológica: "[...] negar a existência da consciência de um amigo a esse ponto é certamente uma atitude antinatural que se aproxima do solipsismo, e poucas pessoas, em seus corações, irão segui-la".

No entanto, ao final do raciocínio, fica claro que a assunção do solipsismo parece ter um significado estritamente *metodológico* para Wigner ([1961] 1983, p. 173). Em outras palavras, é precisamente a ideia de uma interpretação subjetivista para o conceito de consciência na mecânica quântica que é colocada em xeque com a situação paradoxal proposta em tal raciocínio, isto é, a ideia de que a consciência subjetiva, individualizada, seria agente causal na medição quântica.

3.3.2 O problema metafísico

Esse novo objeto —a consciência— com poder causal é introduzido na ontologia da mecânica quântica sem pormenorizadas informações acerca de sua natureza. Assim, ao passo que o problema ontológico da consciência na mecânica quântica seja a própria introdução da entidade, o problema metafísico é justamente a falta de uma metafísica que explique a natureza dessa entidade. A necessidade (ou não) de que a lacuna entre ontologia e metafísica seja preenchida tem sido extensamente debatida na literatura recente.[12] No entanto, ao passo que o debate geralmente gire em torno da metodologia da metafísica e do realismo científico, trarei um ângulo pouco explorado. Farei uma espécie de "mostruário" dos perfis metafísicos pouco investigados para a interpretação da consciência causal.

A introdução da noção de consciência como um "objeto" não físico no sentido de não material, na ontologia subjacente a essa interpretação da medição quântica vem acompanhada de uma série de problemas. Dentre eles,

---

[12] Ver Arenhart (2019), Arenhart e Arroyo (2021b,c), Arroyo e Arenhart (2019), Bueno (2019b), Chakravartty (2019) e French (2019).

destaco a problemática em relação à definição do termo consciência, isto é, como a consciência deve ser entendida em termos metafísicos. Qual o lugar de tal consciência no mundo? Ou seja, o problema ontológico da consciência na mecânica quântica pode ser brevemente enunciado com a seguinte questão: "a consciência existe?". Buscarei elencar como tal questão é abordada pela literatura, bem como a problemática suscitada por essa discussão.

Como observa Albert (1992, p. 82), a tese defendida por Wigner dependeria de uma diferenciação entre sistemas inteiramente materiais e sistemas conscientes, isto é, a diferenciação entre sistemas não-conscientes e sistemas conscientes, de modo que a evolução do estado físico de um dado objeto quântico seria diferente caso o objeto fosse ou não consciente. Consequentemente, o entendimento do comportamento dos objetos quânticos dependeria da definição ou do significado do termo consciência.

No entanto, nenhum dos autores referidos ofereceu uma definição do termo consciência Albert (1992, p. 83), de modo que não fica claro o significado de uma sentença tal como a afirmação de que "a consciência é o agente causal na medição quântica". Assim, a problemática suscitada pela interpretação da consciência causal, isto é, de que a medição seria completa somente com a introdução de um agente causal não-físico, permanece em aberto —e, como aponta Smith (2003), os resultados de tal debate (se a consciência não física é realmente um agente causal ou não) seriam definitivos para as discussões contemporâneas, especialmente nas áreas da filosofia da mente e nas ciências cognitivas.

Deve ficar claro, nesse aspecto, que a noção de consciência, conforme apresentada, desempenha um papel fundamentalmente distinto da ordem material, onde se situam os sistemas físicos. Nesse preciso sentido, essa interpretação da consciência causal é incompatível com uma metafísica monista materialista, como sugerido por Wigner ([1961] 1983, p. 173) e demonstrado por Arroyo e Arenhart (2019).

Conforme a analogia proposta, do estatuto ontológico como o mobiliário do mundo, destaco, em específico, que esta interpretação, que caracterizarei como interpretação da consciência causal, carece de uma formulação ontoló-

Capítulo 3. A consciência colapsa

gica (do tipo $\mathcal{O}_T$) que abarque esse novo objeto: a consciência. Como aponta Köhler (2001, p. 114), "von Neumann consistentemente evitava discussões 'filosóficas' de questões epistemológicas". Pelo contrário, a única categorização que é feita em relação ao termo consciência é que se trata de um objeto ontologicamente distinto dos objetos materiais, o que sugere que essa consciência se trata de uma substância distinta da substância material. Tal proposta, como observam Stapp (2007, p. 167) e Stöltzner (2001, p. 58–59), se alinha com o dualismo do tipo cartesiano, conhecido como "dualismo de substância", que possui diversas dificuldades filosóficas —uma das grandes questões seria o problema mente-corpo. Ainda assim, em termos metafísicos, não é possível *determinar* nem mesmo *extrair* a metafísica associada à ontologia da interpretação de von Neumann, e o máximo que podemos fazer é mostrar como ela é *compatível* com certos tipos de dualismo.[13]

É possível delinear a questão da seguinte maneira: da forma como descrevem von Neumann ([1932] 1955) e Wigner ([1961] 1983), a noção de consciência com poder causal na medição quântica deveria cumprir as seguintes caracterizações: 1) a consciência deve ser imaterial, no sentido de que não pertence ao mesmo nível ontológico que os sistemas quânticos, isto é, deve ser considerada em um nível diferente em relação à aplicação da mecânica quântica; 2) a consciência deve ter poder causal, isto é, deve poder colapsar uma estado indeterminado em um estado determinado. No capítulo 5, trataremos de como o dualismo e a metafísica de processos podem dar conta de preencher essa lacuna metafísica. Por hora, no entanto, atentemo-nos para outra maneira menos convencional de fazê-lo.

3.3.3 O problema místico

As propostas expostas nos parágrafos seguintes são tentativas de responder questões de *natureza* da consciência, entidade essa —relembremos— que foi obtida como parte da *ontologia* da interpretação da mecânica quântica analisada neste capítulo. No entanto, as propostas a seguir não o fazem pelo

---

[13] Para maiores detalhes sobre essa afirmação, ver Arroyo e Arenhart (2019).

135

CONSCIÊNCIA E MECÂNICA QUÂNTICA

uso de um referencial da metafísica,[14] mas do *misticismo* —e aqui o termo não é utilizado como pejorativo, mas descritivo dessa família de propostas que apresento a seguir, *viz.*, a união entre todos os entes como no Vedanta. Opto pelas propostas de Bass (1971) e Goswami (1989), por tratarem diretamente das questões apresentadas e serem alternativas pouco discutidas na literatura específica, mas que (de algum modo) são bastante difundidas no ideário não-científico.

Em particular, a proposta de Bass (1971) se trata de uma generalização do pensamento tardio de Schrödinger ([1961] 1964) para solucionar a situação paradoxal presente no raciocínio do amigo de Wigner.[15] Para Schrödinger, os debates em relação ao conceito de consciência ou mente enfrentariam uma situação problemática, devido ao frequente comprometimento ontológico com a existência de múltiplas mentes —tal como a situação do amigo de Wigner parece pressupor:

> Para a filosofia [...] a dificuldade real está na multiplicidade espacial e temporal de observadores e indivíduos cognoscentes. Se todos os eventos ocorressem em uma consciência, a situação seria extremamente simples. (Schrödinger, [1961] 1964, p. 18).

Pode-se perceber na passagem anteriormente citada, assim como em diversas outras, como observa Cohen (1992), o comprometimento ontológico com a existência de uma única mente —ver também Bitbol (2004, p. 171)— que, conforme observa Bertotti (1994) é de notável influência do pensamento indiano, especificamente do Vedanta:

> O enigma das consciências individuais e sua comunidade levaram ele [Schrödinger] a uma posição, característica da filosofia indiana, que é o fundamento filosófico do clássico Vedanta: todas as mentes individuais [...] são manifestações de uma única Mente que abrange tudo. (Bertotti, 1994, p. 91).

---

[14] Como as que veremos no capítulo 5.
[15] Um estudo detalhado sobre a concepção filosófica tardia de Schrödinger pode ser encontrado em Murr (2014).

Capítulo 3. A consciência colapsa

Sobre o termo "Vedanta", destaco um trecho de uma exposição de Conger, que explicita precisamente o aspecto espiritualista do Vedanta que é abordado na discussão acima:

> [...] a filosofia central dos Upanixades e do *Vedānta*, muitas vezes considerada panteísta, seria descrita com maior precisão como um monismo espiritualista. Exemplo melhor de panteísmo é apresentado pelo Deus de Espinosa com um número infinito de atributos. No *Advaita Vedānta*, *Brahman* é caracterizada por *sat* (ser), *cit* (inteligência) e *ānanda* (bem-aventurança), ao invés de uma gama de atributos pessoais; [...] Brahman é alcançada pelo indivíduo que chega a compreender sua própria identidade com a Realidade Una. (Conger, [1944] 1946, p. 239).

Schrödinger faz uso da noção de MAYA —também encontrado como "Maja", ou "*māyā*", em sânscrito—, correspondente à distinção —bastante antiga também na filosofia grega— entre o que é real e o que seria aparente para responder à questão da multiplicidade das mentes:

> A única alternativa possível consiste apenas em reter da experiência imediata que a consciência é um singular cujo plural é desconhecido; que existe apenas uma coisa e o que parece ser uma pluralidade é apenas uma série de aspectos diferentes dessa mesma coisa, produzidos por um engano (o termo indiano MAYA). (Schrödinger, [1967] 1997, p. 93).

Devo apontar, conforme Gough (1891, p. 237), que "a doutrina de *māyā*, ou a irrealidade do dualismo sujeito/objeto, bem como a irrealidade da pluralidade de almas e seu ambiente, é a vida da filosofia indiana primitiva".

Assim, *māyā* não se remete exclusivamente ao Vedanta. No entanto, conforme afirma Bertotti (1994), a influência do pensamento tardio de Schrödinger seria primordialmente o Vedanta e, por isso, destaco apenas seu uso dentro do sistema vedantino. Se fosse possível extrair uma metafísica do Vedanta, ela estaria associada com a identificação entre *Atman*, um termo que designa as "mentes individuais" e Brahman, que seria algo como uma "consciência cósmica". De acordo com Radhakrishnan (1914), o termo *māyā* se insere no sistema vedantino da seguinte forma:

> [...] apenas o Absoluto, chamado Brahman, é real e as manifestações finitas são ilusórias. Há apenas uma realidade absoluta e indiferenciada, cuja natureza é constituída pelo conhecimento. O mundo empírico é inteiramente ilusório, com suas distinções de mentes finitas e objetos e os objetos de seu pensamento. Sujeitos e objetos são como imagens fugazes que englobam a alma que sonha, e que se reduzem a nada no momento em que acorda. O termo "*māyā*" significa o caráter ilusório do mundo finito. [...] Os aspectos centrais da filosofia Vedantina, como é concebida atualmente, são resumidamente explicitados nas seguintes frases: Brahman é o real e o universo é falso. O Atman é Brahman. Nada mais. (Radhakrishnan, 1914, p. 431).

Dessa forma, a multiplicidade das mentes seria uma aparência ao passo que a unicidade da mente seria real ou, nas palavras de Cohen (1992, p. 97–98), "não existe 'realmente' uma multiplicidade de eus. [...] existe uma unidade de todas as consciências".

No entanto, Schrödinger ([1961] 1964, p. 18) reconhece, conforme explicita na seguinte passagem, que esse não é um assunto estritamente racional: "[...] eu não penso que essa dificuldade possa ser resolvida logicamente, através de um pensamento consistente, em nossos intelectos", ao dizer que "[...] a pluralidade que percebemos é apenas aparente, não é real". De forma mais enfática, Schrödinger explicita que esta ideia, própria do pensamento do Vedanta, é um pensamento *místico*:

> Em si, a ideia não é nova. Os registros mais antigos datam, até onde sei, de 2.500 anos atrás. Desde os primitivos grandes Upanixades, no pensamento indiano, a identificação de ATHMAN = BRAHMAN (o eu pessoal iguala-se ao eu eterno, e onipresente e onisciente), longe de constituir uma blasfêmia, representava a

Capítulo 3. A consciência colapsa

quintessência da mais profunda intuição quanto aos acontecimentos do mundo. O maior empenho de todos os estudiosos da escola Vedanta era, após o aprendizado dos movimentos dos lábios para a pronúncia correta, realmente assimilar em suas mentes este pensamento, o mais grandioso de todos. (Schrödinger, [1967] 1997, p. 92).

Resumidamente, é a visão de que todos nós, seres vivos, somos unidos na medida em que somos, na verdade, lados ou aspectos de um único ser, que talvez na terminologia ocidental possa ser chamado de "Deus" enquanto nos Upanixades seu nome é "Brahman". [...] Nós reconhecemos que estamos lidando aqui não com algo logicamente dedutível, mas com misticismo. (Schrödinger, [1961] 1964, p. 95).

No entanto, a ligação desse aspecto de seu pensamento, caracterizado por Bertotti (1994) como "misticismo racional" é obscura. Cohen (1992, p. 98) sugere que a ausência de uma ligação se dá pela posição de Schrödinger de que a ciência deve ser fundamentalmente objetiva, isto é, deve excluir de forma preliminar o sujeito que conhece daquilo que é conhecido. Ainda assim, Schrödinger jamais defendeu uma ideia de ciência subjetiva, tampouco objetiva à maneira do empirismo moderno, mas impessoal.

Para Murr (2014, p. 212), a visão de mundo de Schrödinger, justamente por ter uma estreita relação com seu trabalho científico, não deve ser entendida como um aspecto religioso, mas essencialmente filosófico. Poser (1992, p. 161) aponta, ainda, que sua proposta filosófica é mais do que uma continuação de seu trabalho científico; pelo contrário, afirma que seu trabalho na ciência seja *fruto* de suas reflexões filosóficas.

O posicionamento filosófico tardio de Schrödinger é classificado por Poser (1992, p. 163) como um "monismo idealista dinâmico", cuja expressão máxima se encontra na expressão sânscrita *"tat tvam asi"*, que Huxley (1947, p. 8) traduz para o inglês como *"that art thou"*, que traduzido livremente para o português significaria algo como "tu és isto", e que Schrödinger ([1961]

CONSCIÊNCIA E MECÂNICA QUÂNTICA

1964, p. 22) interpreta como: "Eu estou no leste e no oeste, eu estou abaixo e acima, eu sou o universo todo".

Poser (1992, p. 166) destaca ainda que Schrödinger utiliza o pensamento vedantino como referência teórica para seu projeto científico e filosófico, e não como autoridade religiosa; ou seja, utiliza a discussão presente no Vedanta para argumentar em favor de sua proposta, de modo que constrói um modelo aberto a críticas e não um dogma incontestável. Dessa forma, Bertotti (1994, p. 83) utiliza o termo "misticismo racional" para classificar esse tipo de atitude, identificada também na posição filosófica de Einstein.

Como observa Murr (2014, p. 212), o referido sentimento de "unidade" pode ser alcançado por diversas vias, sendo a técnica da meditação uma delas. Wilber vai além e considera que tal unidade é empírica:

> A psicologia vedantina funda-se na introvisão experimentalmente verificável de que Brahman-Atman é a única Realidade, e sua preocupação primária consiste em proporcionar uma explicação pragmática do "por que" os seres humanos não compreendem sua básica e suprema identidade com Brahman. Em geral, a cega aceitação, pelos humanos, de dualismos e distinções é a ignorância (*avidyā*) que os fazem pousar diretamente num mundo de ilusões (*māyā*). (Wilber, [1997] 2010, p. 152).

Tal referencial, que Murr (2014, p. 211–214) chama de "pós-objetivado", é utilizado por Bass (1971) em um artigo intitulado *"The Mind of Wigner's Friend"* (que traduzido livremente para o português significa "A Mente do Amigo de Wigner"), na tentativa de solucionar o paradoxo do amigo de Wigner ([1961] 1983) com a introdução da hipótese, inspirada na obra tardia de Schrödinger ([1961] 1964), chamada de "visão Vedantina", que remete à tese da unicidade da consciência.

Para tal raciocínio, Bass propõe as seguintes premissas:

> A. Meu corpo, com seu sistema nervoso central (explorado em qualquer grau de completude fisiológica) funciona puramente

CAPÍTULO 3. A CONSCIÊNCIA COLAPSA

como um mecanismo, de acordo com as leis da natureza. Além disso, a mecânica quântica é a base final desse mecanismo.

B. Estou ciente, por evidência direta incontestável, do conhecimento (informação) entrando em minha consciência. (Bass, 1971, p. 56).

Se aceitarmos que exclusivamente a premissa "A" se aplica ao "observador intermediário", então este observador seria, para os efeitos de medição, tal como um aparelho medidor, isto é, seria incapaz de completar uma medição conforme o sentido do termo medição proposto por von Neumann ([1932] 1955); da mesma forma, se aceitarmos que exclusivamente a premissa "B" se aplica ao "observador intermediário", então este observador seria, para os efeitos de medição, um observador final na medida em que seria capaz de completar uma medição.

As duas premissas, quando aplicadas juntamente ao observador intermediário, trariam uma situação paradoxal, visto que levam a situações mutuamente exclusivas. Essa seria a leitura de Bass (1971, p. 57) do paradoxo do amigo de Wigner ([1961] 1983). No entanto, o raciocínio acima parece levar em consideração dois observadores, nomeadamente o observador intermediário e o observador final. Assim, Bass (1971, p. 59) é capaz de enunciar uma terceira premissa subentendida no raciocínio que leva à situação paradoxal: "C. Existem, independentemente, ao menos duas mentes conscientes".

No entanto, Bass (1971, p. 58–61) procura demonstrar que a situação paradoxal proposta por Wigner ([1961] 1983) só ocorre quando as premissas A, B e C são aceitas, de modo que, se somente a premissa "C" for negada, as premissas "A" e "B" podem ser ambas verdadeiras ao mesmo tempo. Para tanto, uma hierarquia das três premissas, do ponto de vista empírico, é estabelecida por Bass (1971, p. 59): "mantenho, como Descartes, que a premissa "B" é a mais forte dentre as três: não tenho conhecimento mais direto e menos incerto que esse".

A premissa "A" estaria em segundo lugar na "hierarquia empírica" de Bass (1971, p. 59), e é analisada criticamente: a primeira parte da premissa

"[...] extrapola os avanços maravilhosos e contínuos da fisiologia do sistema nervoso", mas que, ainda assim, permanece válida na medida em que a neurofisiologia não nega que o cérebro é "uma rede de unidades de operação eletroquímicas finamente interligadas (células, axônios, sinapses)".

Na análise da premissa "C", Bass (1971, p. 59) afirma que não é apoiada por qualquer evidência empírica direta", utilizando-se do raciocínio de Schrödinger ([1967] 1997, p. 88), para quem "[a] consciência nunca é experimentada no plural, apenas no singular" —o que Bass (1971, p. 60) considera suficiente para afirmar que a premissa "C" seria a premissa mais fraca dentre as três, do ponto de vista empírico.

Por outro lado, do ponto de vista lógico, Bass aponta que a atualização de uma potencialidade, no caso de uma medição efetuada pela consciência, deveria representar "um efeito específico da consciência sobre o mundo físico", de modo que seja precisamente

> [...] esse efeito específico da consciência sobre o mundo físico que pode ser tomado para acoplar a introspecção [premissa B] na física [premissa A], de modo a gerar o paradoxo. (Bass, 1971, p. 60).

Tal "efeito específico" seria a ação da premissa "C", isto é, a ação de uma (dentre uma vasta pluralidade) consciência individualizada sobre o mundo físico.

Assim, Bass resume seu argumento da negação da premissa "C" da seguinte forma. A faculdade de introspecção, contida na premissa B:

> [...] pode envolver apenas uma consciência. O mundo externo (na premissa A) é introduzido e confrontado com a introspecção de tal modo que a hipótese sobre a pluralidade das mentes conscientes (na premissa C) resulta em uma negação. (Bass, 1971, p. 60).

Dessa forma, Bass (1971, p. 63) assume a "[...] visão vedantina, que nega a pluralidade das mentes conscientes". A existência da pluralidade da consciência, contudo, não é negada em absoluto: ela existiria enquanto aparência,

Capítulo 3. A consciência colapsa

se referindo à doutrina indiana de *māyā*, isto é, da aparência da pluralidade das consciências, na medida em que realmente só existiria uma consciência Bass (1971, p. 61–62). No entanto, Bass reconhece que a emergência de uma dualidade sujeito/objeto, tal como parece ocorrer na percepção humana, é um aspecto problemático de sua proposta:

> Assumindo a pluralidade, deduzi uma contradição. Seria desejável complementar tal resultado ao assumir a unidade e deduzir uma consequência específica que possa ser, ao menos em princípio, observável. Isso asseguraria que a distinção entre pluralidade e unidade é significativa até mesmo no âmbito das ciências naturais. Mas a noção ordinária de um ato de observação envolve um sujeito e um objeto, o que não se coaduna com a hipótese da unidade, quando ambos sujeito e objeto envolvem consciência. (Bass, 1971, p. 65).

A dualidade sujeito/objeto no ato de observação, referida acima, é mais sutil do que a referida por Bohr ([1928] 1983b): há implícita aqui uma distinção entre aquilo que conhece e aquilo que é conhecido. Mantendo o vocabulário monista da consciência proposta por Bass (1971), há a distinção entre o que está dentro da consciência e o que está fora da consciência. O tema da dualidade, isto é, a multiplicidade de consciências subsidiária ao monismo, à unicidade da consciência, seria, à luz do Vedanta, abordado pela doutrina da ilusão.

Portanto, longe de solucionar os problemas metafísicos da consciência na mecânica quântica, essa hipótese daria lugar a outro espectro de problemas conceituais, próprios do pensamento vedantino. Ademais, metodologicamente, essa proposta parece querer impor uma ontologia do tipo $\mathcal{O}_T$ para a ciência, sem qualquer justificativa aparente para tal.

Ainda assim, essa atitude frente ao problema da medição quântica é levada adiante por Goswami. Apresentarei resumidamente sua interpretação da medição quântica nos parágrafos seguintes —já adiantando de antemão, contudo, que se trata de uma proposta que incorre na mesma dificuldade que a proposta de Bass, conforme apontada no parágrafo anterior.

A partir de uma generalização da ontologia de Heisenberg ([1958] 1995) acerca da distinção entre potencialidade e atualidade e da medição=criação, Goswami (2003, p. 534) afirma que a evolução determinista e temporal, descrita através da evolução linear, ocorre em um domínio transcendente, que define —utilizando a terminologia de Heisenberg ([1958] 1995)— como "*potentia*".[16]

A definição de Goswami (2003, p. 534) para o domínio "*potentia*", transcendente, seria também reminiscente da ontologia processual de Whitehead (1919, p. 202, nota 2), que considera que "espaço e tempo precisam resultar de algo em processo que transcenda os objetos". Assim, Goswami (2003, p. 534) utiliza o termo "não localidade" como "fora do espaço-tempo", de modo que o domínio "*potentia*" seja não local. Aplicando tal aspecto, que Goswami (2003, p. 535) chama de "ontologia básica de Heisenberg", à teoria da medição de von Neumann ([1932] 1955), tem-se que o colapso atualiza, isto é, traz para a realidade manifesta apenas uma possibilidade dentre diversas outras possibilidades contidas nesse domínio transcendente, de modo que a realidade transfenomenal, isto é, a realidade entre tais atualizações, estaria contida no domínio "*potentia*".

Um dos aspectos característicos da interpretação de Goswami (1989, p. 385) seria a proposta metafísica do "idealismo monista", na qual todos os elementos estão dentro da mesma e única consciência: tanto os elementos transcendentes, potenciais, quanto os imanentes são atualizados. Isto é, tanto o colapso quanto a evolução linear acontecem dentro da consciência. No entanto, diferentemente da interpretação de Heisenberg, que entende a *potentia* em termos aristotélicos, Goswami o faz utilizando elementos do platonismo. Como apresentarei adiante, o termo corresponde àquilo que Conger ([1944] 1946, p. 239) chamou de "monismo espiritualista": dentre os autores ocidentais que advogam essa corrente de pensamento, Conger des-

---

[16] Conforme apresento no capítulo 5, essa não é uma interpretação apropriada para os escritos tardios de Heisenberg.

Capítulo 3. A consciência colapsa

taca os nomes de Platão, Plotino e Espinoza, principalmente. Nas palavras de Goswami:

> [...] os objetos já estão na consciência primordialmente, como formas possíveis em potentia. O colapso não está fazendo algo aos objetos via observação, mas consiste em escolher entre as possibilidades alternativas que a função de onda fornece, e em reconhecer o resultado da escolha. (Goswami, 2003, p. 536).

O que está em jogo não é a ação da consciência sobre a matéria, *e.g.*, o poder de mover algum corpo material com a força do pensamento (algo como a psicocinese ou a telecinesia). Isso, afinal, pressupõe uma distinção entre as noções de consciência e matéria. O que parece estar em jogo aqui é o postulado de que todos os objetos são objetos dentro da mesma e única consciência. Essa seria uma forma de tratar a noção de consciência a partir de uma ontologia outra que não a do monismo materialista —em que a consciência é um fenômeno advindo da complexidade do arranjo material (neuronal) e, portanto, sem poder causal— ou a do dualismo —segundo o qual as noções de consciência e matéria correspondem a substâncias separadas.

Da mesma forma, Goswami procura demonstrar de que forma a noção de consciência, quando tratada a partir do idealismo monista, evita dificuldades filosóficas conforme apontadas em situações tais como a do amigo de Wigner:

> O problema de Wigner surge do seu raciocínio dualista acerca da sua própria consciência separada da consciência de seu amigo. O paradoxo desaparece se existir somente um sujeito —não sujeitos separados como estamos acostumados a pensar. [...] Se a consciência do amigo de Wigner não difere em essência da consciência de Wigner, se for sempre uma consciência causando o colapso da função de onda, não há paradoxo. (Goswami, 2003, p. 536).

Essa proposta de solução para a situação elaborada por Wigner ([1961]

CONSCIÊNCIA E MECÂNICA QUÂNTICA

1983), através do "paradoxo do amigo", é muito próxima da solução proposta por Bass (1971), como vimos anteriormente. Revisitando a situação do gato de Schrödinger ([1935] 1983), expandida por Penrose (1989), Goswami (1989, p. 390) afirma que questões acerca da consciência do gato ou a discrepância entre os humanos de dentro e fora da caixa são dificuldades que acompanham a concepção dualista da noção de consciência.

No entanto, Goswami (2003, p. 537) aponta uma dificuldade para essa solução do problema da medição: se admitirmos que a consciência, unitiva e transcendente, traz à atualidade manifesta alguns aspectos da sua própria potencialidade transcendente, ela seria onipresente. No entanto, se aceitarmos tal uso do termo consciência, ela estaria sempre observando, de modo que caberia a pergunta: a que ponto uma medição está completa? Isto é, como poderia haver mais do que uma medição se a consciência onipresente estaria continuamente medindo? Dessa forma, a simples introdução da hipótese de uma consciência onipresente como agente causal na medição quântica não resolveria o problema da medição.

Na tentativa de resolver tal dificuldade, Goswami (2003, p. 537) afirma que "a medição não está completa sem a inclusão da percepção autorreferencial mente-cérebro", o que implicaria numa circularidade causal na medida em que "a percepção é necessária para completar a medição, mas sem que uma medição esteja completa, não há percepção". Goswami (1993, p. 99) afirma que é dessa autorreferência que surge a percepção subjetiva, como um epifenômeno da experiência.

Tais ideias acerca do funcionamento autorreferencial entre mente-corpo teriam sido inspiradas na obra de Hofstadter (1979). Resumidamente, Hofstadter (1979, p. 684–714) considera que uma das características da autorreferência —tal como apontada pela noção de incompletude de Gödel ([1931] 1967)— seria a emergência de um nível que a transcenda; em sua terminologia, afirma que a autorreferência forma uma "hierarquia entrelaçada", da qual um "nível inviolado" emerge. Para Hofstadter (1979, p. 688), tais níveis são hierárquicos, de modo que o nível inviolado governa o que acontece no nível entrelaçado, mas o nível entrelaçado não pode afetar o nível inviolado.

146

Capítulo 3. A consciência colapsa

Na terminologia de Goswami (1993, p.192), a consciência seria análoga ao "nível inviolado", que governa o aparelho mente-corpo autorreferente, ou em "hierarquia entrelaçada". No entanto, próprio do nível inviolado, a definição de consciência, para Goswami, fugiria aos critérios discursivos:

> O que é a consciência? Podemos começar a discussão com o que não é. Não é uma parte da dualidade mente-matéria, interno-externo. Não é um objeto, embora objetos apareçam nela. Tem algo a ver com o subjetivo, o experienciador, o conhecedor de objetos. [...] Porque a consciência é a base do ser, tudo mais, incluindo palavras, conceitos e metáforas, são secundários a ela. Não podemos definir a consciência completamente com itens que são secundários a ela, acentuando o mistério. (Goswami, 2001, p. 14).

Porder-se-ia, talvez, delinear certa influência da filosofia platônica no pensamento de Goswami (2001, p. 14) acerca da (in)definição do termo consciência na medida em que, na ontologia de Platão (*A República*, §509d–511e) , a razão discursiva (do grego *"dianóia"*) não seria suficiente para apreender os níveis ontológicos mais elevados, tal como a suprema Ideia de Bem ou Sumo Bem. Pereira (1990) comenta esse aspecto da metafísica platônica da seguinte maneira:

> [...] o mundo visível (*horata* ou *doxasta*) tem em primeiro lugar uma zona de eikones ("imagens", ou, como outros preferem, "ilusão"). Num nível mais elevado, temos todos os seres vivos (*zoa*) e objetos do mundo, conhecidos através de *pistis* (fé). O mundo inteligível (*noeta*) tem também dois sectores proporcionais a estes, o inferior e o superior, o primeiro apreendido através da *dianóia* ("entendimento" ou "razão discursiva") e o segundo só pela *nóesis* ("inteligência" ou "razão intuitiva"). (Pereira, 1990, XXIX–XXX).

Em seu dicionário etimológico do vocabulário filosófico grego, Ivan Gobry reitera essa ideia:

CONSCIÊNCIA E MECÂNICA QUÂNTICA

Esse termo [*"dianóia"*] tem sentido vago; indica habitualmente um modo de pensamento menos elevado que a *nóesis*. Classicamente, a *diánoia* é o conhecimento discursivo, por raciocínio. Assim, em Platão, ela é o grau inferior da ciência, que recorre a conceitos em vez de contemplar diretamente as Essências (v. *dialektiké, psykhé*). (Gobry, 2007, p. 41).

Ademais, há, na ontologia de Platão (*A República*, VII, §519d–521b), considerações que pressupõem a conexão entre as noções de "unidade" e a "Ideia de Bem", o que atenua a possibilidade de um paralelo com a noção de consciência em Goswami.

Além da influência na filosofia grega, da mesma forma que Schrödinger em seu pensamento tardio, o pensamento de Goswami é claramente influenciado por diversos aspectos da literatura mística, principalmente no que se refere à unidade com o nível ontológico mais elevado (a saber, a consciência unitiva):

> Mas, dizem os sábios espirituais, os descobridores da filosofia monista idealista, embora não possamos defini-la, podemos sê-la, nós somos ela. É nossa ignorância que nos impede de ver nossa natureza original, nossa interconectividade com a fonte. (Goswami, 2001, p. 14).

As propostas de solução para o problema do dualismo analisadas acima pressupõem o uso do referencial místico —abertamente não circunscrito pelo discurso racional. Uma das principais dificuldades de utilizar a sabedoria do vasto oriente para compreender o uso da noção de consciência na mecânica quântica é que várias vertentes do pensamento indiano, tal como o Vedanta, pressupõem a experiência mística, isto é, parece fugir do escopo de investigação circunscrita pelo discurso racional da ciência e pela filosofia ocidental.

Dessa forma, na medida em que fazem uso referencial do Vedanta, as soluções de Bass (1971) e Goswami (1989), bem como o pensamento tardio de Schrödinger ([1961] 1964), a despeito de sua plausibilidade, deveriam ser, no mínimo, precedidas por uma discussão acerca da legitimidade do uso da literatura mística como referencial ontológico para as ciências empíricas, como a mecânica quântica —o que não é do escopo desta discussão.

Essa seria uma das vantagens de ter filosofia processual de Whitehead (1928) como pano de fundo filosófico para as discussões da interpretação da consciência causal, na medida em que a filosofia de processos tem aberto um frutífero campo de investigação para os estudos da consciência frente às dificuldades da noção de consciência frente ao dualismo e sua relação com a mecânica quântica, como apontam os estudos de Eastman e Keeton (2003), Epperson (2004), Stapp (2007). Tratarei brevemente dessa investigação no capítulo 5.

Para finalizar essa exposição, refiro-me à proposta de Manousakis (2006), que oferece um modelo em que a teoria quântica é fundada sob a base ontológica da consciência sem fazer referência ao pensamento indiano, mas, ainda assim, há características místicas em sua base ontológica. Pode-se constatar diversos pontos em comum com a proposta de Goswami (1989): para Manousakis (2006, p. 800), a consciência teria caráter unitivo e seria a base ontológica da realidade; haveria apenas uma única consciência, nomeada de "fluxo Universal da consciência", do qual emergiriam "subfluxos", como o "fluxo individual da consciência".

3.4 Interpretando a interpretação da consciência

Aqui é importante que fique clara a divisão da interpretação da consciência em duas vertentes. Não há tal coisa como uma "interpretação da consciência *simpliciter*"; isso deve ser qualificado. Não fazê-lo é incorrer em um erro que, em parte, nos levou até os abusos da física quântica por parte de uma literatura não-científica. Então vamos lá.

Em contraste à interpretação da consciência causal, chamarei as propostas delineadas na seção 3.3.3 como "interpretação da consciência mística", ainda que a motivação possa ter sida metafísica. Até o presente, pouco se avançou no debate, e a interpretação da consciência mística também acaba não decolando —ainda que por motivos distintos daqueles enfrentados pela interpretação da consciência causal. Talvez a maior dificuldade conceitual das interpretações místicas da consciência é o misteriosismo que envolve a própria noção de consciência, central não só para o funcionamento da interpretação, mas base ontológica de toda uma visão de mundo que depende desse conceito.

Para além dessa dificuldade da interpretação da consciência mística, pode-se apontar ainda outra, que é a inadequação empírica da mesma. É importante sempre lembrarmo-nos que as interpretações ad mecânica quântica devem ser —no mínimo— empiricamente adequadas. Isto é, apesar de que toda interpretação vá além do que o formalismo e os experimentos dizem, nenhuma delas pode *contradizer* os dados experimentais já estabelecidos; pelo contrário, esses dados devem ser tomados como ponto de partida. Não fosse esse o caso, teríamos uma nova teoria física que deveria poder ser testada experimentalmente —o que não é o caso. Assim, se alguém disser que observadores humanos podem *alterar o resultado* das medições ou dos padrões estatísticos por meio de sua mera "vontade consciente", essa atitude não chega a ser nem mesmo uma interpretação da mecânica quântica.

Infelizmente, essa prática tem sido comum em atitudes que tentam passar-se por "interpretações" da mecânica quântica, tais como "coaches" quânticos e "curas" quânticas.[17] Como vimos, interpretar a mecânica quântica é uma atitude filosoficamente e metodologicamente permissiva na medida em que permite-nos ir além do que a física nos diz —mas não tão permissiva a ponto de contradizê-la. Como um exemplo, digamos que Martha adora gatos, de modo que ela sempre terá uma preferência pelo resultado no qual seu gato seja alimentado pelo experimento de Schrödinger. Essa preferência não deve poder afetar os resultados. Dito de outro modo, se for constatado que a preferência altera o resultado da medida, então a mecânica quântica seria falseada. No entanto, é justamente isso que não acontece.

O fato da interpretação da consciência mística não ser suficientemente

---

[17] Novemente, ver Pessoa Jr. (2011), de Souza Cruz (2011) e Machado (2017) para um aprofundamento nesse tópico.

Capítulo 3. A consciência colapsa

clara sobre essas questões (*viz.*, que nenhuma atitude puramente mental poderia alterar um resultado experimental) evidencia sua inadequação empírica. Portanto, podemos considerá-la descartada do rol de interpretações possíveis da interpretação (*sic!*) da consciência.[18]

Neste ponto, alguém poderia objetar dizendo que há *evidências experimentais* para a interpretação da consciência mística. Goswami (2001, p. 15–16), por exemplo, é enfático ao fazê-lo. Há ao menos dois problemas com isso. O primeiro é que o referido autor faz uso do conceito de "metafísica experimental", cunhado por Shimony (1984, p. 35), para expressar a ideia de que os experimentos científicos poderiam, de alguma forma, guiar os debates filosóficos. Goswami (2001) faz uso desse termo para exemplificar, a partir de um experimento conduzido em conjunto com Grinberg-Zylberbaum et al. (1994), a ação não local da consciência unitiva.

A primeira coisa a ser dita é que esse é um mau uso do termo de Shimony (1984). A "metafísica experimental" de Shimony (1984, p. 35–36) considera que alguns experimentos são "[...] um teste quase decisivo das visões de mundo que são contrárias às da mecânica quântica". Para Shimony (1984, p. 44), isso significa que "[...] a evidência [empírica] reduziu as escolhas [metafísicas]". E aqui Shimony (1984) tem algo bastante específico em mente, a saber, os testes experimentais da desigualdade de Bell que vimos no capítulo 2 (por exemplo, Aspect, 2002; Aspect, Clauser e Zeilinger, 2022). Isto é, o fato de que esses experimentos atestam que a mecânica quântica padrão, conforme é usualmente formulada e interpretada, é incompatível com as teses da localidade e da "visão natural" sobre a determinação das propriedades. Isso significa que o termo é utilizado como uma tese *negativa*[19] —*i.e.*, indicando quais visões de mundo são *incompatíveis* com os experimentos— e não pode ser usada para favorecer uma visão de mundo específica tal qual Goswami (2001) o faz. Dito isso, passemos a uma breve análise do experimento de Grinberg-Zylberbaum et al. (1994).

---

[18] E propostas relacionadas, como, por exemplo, as de Dunne e Jahn (2007) e Radin (1997, [2007] 2023).

[19] E aqui o método metapopperiano de Arenhart (2012) e Arenhart e Arroyo (2021b,c) tem semelhanças com a metafísica experimental de Shimony.

CONSCIÊNCIA E MECÂNICA QUÂNTICA

No experimento em questão, duas pessoas são separadas em salas com isolamento eletromagnético (isto é, que não permitem a transmissão de sinais eletromagnéticos) e conectadas a eletroencefalogramas diferentes. Solicita-se que, durante o experimento, as pessoas mantenham a intenção de comunicar-se entre si. Uma série de *flashes* de luz é lançada em uma das salas, de modo que apenas uma das pessoas poderia tê-los visto. As ondas cerebrais da pessoa que viu os *flashes* são registradas pelo eletroence-falograma, com uma atividade elétrica no cérebro que atinge picos nos momentos em que os *flashes* são disparados— o que é nomeado de "potencial evocado" (Grinberg-Zylberbaum, Delaflor, Attie e Goswami, 1994, p. 423).

No entanto —e essa é, segundo Goswami (2001, p. 201), a maior contribuição de tal experimento—, a outra pessoa, que não viu os *flashes*, também tem uma atividade cerebral registrada, precisamente nos mesmos instantes (mas com uma intensidade menor) em que o potencial evocado ocorre —o que é chamado de "potencial transferido" (Grinberg-Zylberbaum, Delaflor, Attie e Goswami, 1994, p. 424). Em experimentos controle, as pessoas não mantêm a intenção de se comunicar ao longo do experimento, e o "potencial transferido" não foi observado. Goswami (2001, p. 202) sugere que a explicação desse fenômeno seja a ação não local da "consciência unitiva", que "[...] colapsa estados similares nos dois cérebros; daí a similaridade dos potenciais cerebrais".

Um problema notavelmente urgente com essa alegação é que não é absolutamente claro o que a transferência do potencial tem a ver com a não-localidade, e muito menos com a agência mental. Ademais, o referido artigo de Grinberg-Zylberbaum, Delaflor, Attie e Goswami (1994), conforme apontam Wackermann et al. (2003, p. 60), possui "declarações especulativas", "óbvias falhas metodológicas e formais"; não obstante, "tentativas posteriores de replicação tenham falhado". De fato, no próprio experimento que conduzem, Wackermann et al. (2003) declaram enfaticamente que:

> Nada em nossos resultados comprova a hipótese [de Grinberg-Zylberbaum et al. (1994)] de uma origem física quântica direta

Capítulo 3. A consciência colapsa

das correlações entre eletronencefalogramas de indivíduos separados. (Wackermann, Seiter, Keibel e Walach, 2003, p. 64).

Pelas razões aqui expostas, considero que o experimento em questão não é decisivo para *confirmar* a interpretação da consciência mística.

Pelo contrário, isso poderia significar que tais resultados, por contradizerem a mecânica quântica (a saber, a ação consciente modificando as estatísticas dos resultados), acabariam por *falsificar* a mecânica quântica. No entanto, pelas mesmas razões apresentadas, as evidências de tal experimento não deveriam ser levadas a sério já que não recebem o mesmo suporte sistemático de evidências empíricas que a mecânica quântica recebe. O deescarte da interpretação mística do rol de interpretações possíveis da mecânica quântica seria, nesse sentido, uma instância da aplicação do método "meta-popperiano"[20] —muito semelhante da ideia de metafísica experimental de Shimony—, segundo o qual as opções interpretativas metafísicas são reduzidas dados os requerimentos da teoria em questão. Nesse caso, a mecânica quântica requer que sujeitos não possam interferir na estatística de algum experimento pela preferência por algum resultado particular.

As interpretações da consciência causal (também chamadas de "interpretações subjetivistas"), por outro lado, sofrem com outros tipos de problema. Um deles é o problema da vagueza, e A. Becker (2018) descreve-o de maneira particularmente eloquente:

> Afirmar que a consciência colapsa o estado quântico resolve o problema da medição, mas apenas ao preço da introdução de novos problemas. Como a consciência poderia causar o colapso do estado quântico? Como o colapso do estado quântico viola a Equação de Schrödinger, isso significa que a consciência tem a capacidade de suspender ou alterar temporariamente as leis da natureza? Como isso poderia ser verdade? E, afinal, o que é consciência? Quem a possui? Um chimpanzé pode colapsar um

---

[20] Para uma apresentação e aplicações do método, com referências para outros trabalhos, ver Arroyo e Arenhart (2022a).

estado quântico? E quanto a um cachorro? Uma pulga? "Resolver" o problema da medição abrindo a caixa de Pandora dos paradoxos associados à consciência é uma jogada desesperada [...]. (A. Becker, 2018, p. 75).

Outro problema é a sua associação automática com o dualismo —o que por si só não é um problema, mas herda um ônus pesado *viz.*, o de solucionar o problema mente-corpo.

Assim, ainda que a interpretação da consciência causal mantenha-se legitimamente consistente com os resultados experimentais (de Barros e Oas, 2017), sua parte conceitual parece ter chegado a um impasse. Apresentarei uma alternativa para novos estudos dentro da interpretação da consciência causal no capítulo 5. Mas, antes, farei um pequeno desvio em uma paisagem panorâmica com outras interpretações. Desta maneira, poderemos apreciar onde a interpretação da consciência causal se situa diante suas rivais.

Capítulo 4

A paisagem ao redor

Existem inúmeras atitudes frente ao problema da medição, e este capítulo reúne algumas delas. Faço isso para enfatizar como o problema das interpretações da mecânica quântica não é abordado de forma unilateral pela literatura. A interpretação da consciência causal, longe de ser necessária, é apenas *apenas mais uma* dentre as diversas outras interpretações possíveis da mecânica quântica.

Esse é o famoso problema da subdeterminação, que apresenta sérios problemas para a adoção de uma atitude em direção ao realismo científico.[1] Para entender como isso é um problema, vejamos uma típica definição do que é o realismo científico:[2]

> Talvez seja apenas um pequeno exagero dizer que o realismo científico é caracterizado de maneira diferente por cada uma das pessoas que o discutem, o que apresenta um desafio para quem espera compreender o que seja tal coisa. Felizmente, subjacente às muitas qualificações variantes da posição, há um núcleo comum de ideias, exemplificado por uma atitude epistêmica positiva em relação aos resultados da investigação cientí-

---

[1] Ver, por exemplo, as contribuições contidas em French e Saatsi (2020).
[2] Ver também Chakravartty e van Fraassen ([2018] 2021).

> fica, abrangendo tanto aspectos observáveis quanto inobserváveis do mundo. [...] O que todas essas abordagens [realistas] têm em comum é um compromisso com a ideia de que nossas melhores teorias têm um certo "status" epistêmico: elas proporcionam conhecimento sobre aspectos do mundo, incluindo aspectos inobserváveis. (Chakravartty, 2017, seção 1.1).

Parte do problema para o realismo científico reside no fato de que não há razões definitivas para dizermos que *apenas uma*, entre as várias interpretações, com comprometimentos ontológicos diferentes, de fato descreve aspectos *do mundo*. Isso envolve aspectos da noção de "verdade". Em particular, envolve a noção *correspondentista* da verdade —segundo a qual, uma interpretação é verdadeira *porque* corresponde aos fatos do mundo. Mas os dados experimentais não determinam qual interpretação (se alguma) é a verdadeira nesse sentido, e isso gera um problema para o realismo, *viz.*, o de escolha de interpretações. Assim, ainda que a atitude do realismo científico seja favorável à ideia de que nossas melhores teorias científicas (como a mecânica quântica) devam nos fornecer uma visão verdadeira do mundo, por hora nós não sabemos —não temos como saber!— *qual* seria essa tal visão de mundo. Isso se deve, em parte por termos *diversas* opções à mesa —o problema da subdeterminação—, sendo a interpretação da consciência causal *uma* delas. A seguir apresento brevemente algumas outras que compõem essa paisagem (subdeterminada) de interpretações quânticas.

Como toda seleção, tive que deixar muita coisa de fora. Então, antes de prosseguirmos, deixe-me esclarecer os critérios que utilizei. A seleção foi feita com base na repercussão que tiveram na literatura, e as trago apenas a título de amostragem. Deve ficar claro que tal não é meu propósito aprofundar a discussão acerca de todas as interpretações selecionadas adiante. Cada uma delas mereceria um estudo à parte para que se pudesse apresentar sua riqueza e complexidade; limito-me a apresentá-las muito brevemente, a título de amostragem, como interpretações possíveis dentre as mais influentes e/ou populares. Dessa forma, me limito a uma abordagem

Capítulo 4. A paisagem ao redor

bastante resumida e superficial, indicando bibliografias que possam aprofundar a discussão.

Não posso enfatizar o bastante o fato de que mapear *todas* as interpretações existentes em um só estudo seria uma tarefa hercúlea para além dos propósitos deste livro. Portanto, devo alertar que algumas omissões gritantes invariavelmente ocorrerão. Para mencionar algumas delas: a abordagem *logos* formulada por de Ronde e Massri (2021),[3] as diversas interpretações modais (para apresentação e referências dessa interpretação, ver Lombardi e Dieks, 2021), e o "QBism" —que outrora já foi chamado de "Bayesianismo quântico" (do inglês "Quantum Bayesianism", abreviado "QBism") devido às probabilidades bayesianas, mas que hoje considera-se um nome próprio dessa interpretação (para apresentação e referências, ver Healey, 2023). Ainda assim, há outras que nem sequer foram mencionadas.[4]

As leituras selecionadas são, cronologicamente: a interpretação estatística que, assim como a interpretação de Copenhague, também é amplamente aceita pela comunidade científica e frequentemente utilizada em diversos livros didáticos de mecânica quântica (Pessoa Jr., 2019a, p. 25, nota 3); a interpretação de David Bohm, por se tratar de uma abordagem heterodoxa bastante completa do ponto de vista conceitual (Freire Jr., 2015); a interpretação dos estados relativos de Everett (1957), por ser uma das abordagens heterodoxas mais populares; a interpretação dos estados latentes, abordagem crítica de Margenau (1963) frente ao conceito de "colapso" na medição quântica, bem como sua atitude crítica frente às interpretações subjetivas, que Jammer (1974) destaca como influente; a abordagem do colapso espontâneo de Ghirardi, Rimini e Weber (1986, abreviada como "GRW"), por também ser uma das atitudes com colapso mais bem aceitas na comunidade científica contemporânea (Albert, 1992).

Com exceção das formulações GRW e "estatística", todas as outras atitudes destacadas adiante negam a validade do colapso, se enquadrando nas chamadas "teorias sem colapso".

---

[3] Para uma breve discussão e referências sobre a abordagem *logos*, ver Arroyo e Arenhart (2023).

[4] Ver, por exemplo, Pessoa Jr. (1992).

4.1 A interpretação estatística

Iniciarei a discussão a partir da interpretação estatística, também conhecida como "interpretação dos coletivos estatísticos" ou "interpretação dos *ensemble*". Ballentine (1970, p. 360) distingue as interpretações da teoria quântica em dois grupos maiores: as interpretações nas quais a mecânica quântica provê uma descrição completa e exaustiva sobre sistemas individuais e as interpretações nas quais a mecânica quântica provê uma descrição completa e exaustiva sobre sistemas coletivos. A mesma oposição é feita por Jammer (1974, p. 440). As interpretações do primeiro tipo são consideradas interpretações ortodoxas e, as do segundo tipo, são consideradas interpretações estatísticas. Isso corresponderia à negação premissa α do problema da medição (conforme exposto na página 112). A noção de "coletivos estatísticos" ou *"ensemble"* remete a um grupo imaginário de diversos sistemas com a mesma estrutura macroscópica e o mesmo sistema microscópico a ser medido.[5]

Primeiramente, é relevante destacar a maneira como Ballentine (1970) define a noção de interpretação ortodoxa da teoria quântica com um significado distinto e mais abrangente do que aquele que utilizo ao longo deste livro. Até aqui, a noção de "ortodoxia" tem correspondência exclusiva com a formulação de Copenhague e suas ligações com o empirismo lógico. Segundo a formulação de Ballantine, no entanto, até mesmo a interpretação de von Neumann ([1932] 1955) seria entendida como uma atitude ortodoxa. De fato, Ballentine (1970, p. 360) considera que tanto a "interpretação de Princeton" —da qual von Neumann seria o fundador— quanto a interpretação de Copenhague da mecânica quântica "[...] reivindicam ortodoxia".

No entanto, como vimos anteriormente, essas duas interpretações ditas ortodoxas têm suas dificuldades no âmbito filosófico. Seja a necessidade de uma ontologia para abarcar a noção de um observador para causar a me-

---

[5] A noção de "o mesmo" experimento é questionada por de Barros, Holik e Krause (2017, p. 1); para esses autores, "[...] quando repetimos um experimento, na realidade estamos realizando um experimento que mede uma propriedade que é indistinguível da primeira, mas não a mesma."

dição na interpretação de Princeton, ou a prioridade ontológica dos objetos clássicos na medição da interpretação de Copenhague.

O fato de evitar os paradoxos e os problemas filosóficos da teoria quântica seria uma das três motivações principais que Home e Whitaker (1992, p. 262–264) destacam para a adoção das interpretações estatísticas. Proposta por Einstein em 1927, na ocasião da vigésima terceira Conferência de Solvay, tal interpretação fora formulada justamente para evitar quase todas as dificuldades filosóficas discutidas neste livro— quiçá todas as dificuldades filosóficas da mecânica quântica. Isso porque as dificuldades surgem quando os sistemas quânticos são tratados como sistemas individuais, e não como apanhados estatísticos. Outra motivação destacada por Home e Whitaker (1992, p. 262) seria a de erigir a física sobre uma ontologia realista-objetivista, isto é, manter na mecânica quântica nossas percepções intuitivas acerca da realidade que nos cerca.

Como vimos no capítulo 2, essa motivação seria compartilhada por Einstein. Talvez o fato da interpretação de Copenhague oferecer uma visão contraintuitiva do mundo à nossa volta seria um dos motivos para que Einstein tivesse tantas objeções a essa interpretação. Para ilustrar esse ponto, Putnam (2005) relata um diálogo que teve com Einstein; em paráfrase, ele teria afirmado algo como "olha, eu não acredito que quando não estou no meu quarto minha cama se espalha por todo o cômodo, e sempre que eu abro a porta e entro ela salta novamente para o canto" (Einstein *apud* Putnam, 2005, p. 624). Essa questão. como visto no capítulo 2, resulta da tensão entre uma $\mathcal{O}_T$ assumida previamente e uma $\mathcal{O}_N$ acompanhada pela mecânica quântica.

No entanto, Fine (1990, p. 968) declara que "até onde eu pude descobrir [...] Einstein não oferece em lugar algum uma descrição detalhada da [...] interpretação estatística". Ainda assim, a despeito da falta de uma formulação textual detalhada, diversos físicos teriam utilizado as ideias de Einstein sobre *ensembles* para criar propostas estatísticas para a mecânica quântica.

Há uma grande variedade de abordagens estatísticas para a interpretação da mecânica quântica, com diferentes nomes e especificidades, e não existe consenso sobre exatamente qual interpretação Einstein teria endos-

CONSCIÊNCIA E MECÂNICA QUÂNTICA

sado. Contudo, como procurei enfatizar no capítulo 2, o comprometimento ontológico de Einstein com uma realidade independente acaba por sugerir que ele endossaria um tipo de interpretação na qual todas as variáveis, em todos os instantes, possuem valores passíveis de serem revelados por meio de medições, de modo que todo indeterminismo se dê pelo desconhecimento de algumas variáveis envolvidas no processo de medição. Tais variáveis seriam as variáveis ocultas,[6] isto é, são criptodeterministas no sentido de um indeterminismo epistemológico subjacente a um determinismo ontológico.

Para Ballentine (1970), essa seria a forma mais natural de pensar a posição einsteiniana sobre *ensembles*. Essa posição se coaduna com evidência textual, que procurei destacar, do comprometimento ontológico com uma realidade independente e pré-existente na obra de Einstein. Home e Whitaker (1992, p. 263), Bunge (1967, p. 7) e Fine (1986, p. 43) vão além e apontam para o fato de que, para muitos, essa interpretação seria *a* interpretação estatística.

Destaco, no entanto, uma definição mínima para a atitude estatística, presente em todas as interpretações estatísticas, formulada por Gibbins (1987, p. 76). De acordo com tal definição, uma interpretação estatística considera que uma função de onda representa um *ensemble*, isto é, que a mecânica quântica trataria exclusivamente das estatísticas dos resultados obtidos por uma numerosa sequência de medições simultâneas de sistemas coletivos (chamados de "*ensemble*"), e não sobre quaisquer propriedades dos objetos físicos. Dessa forma, a atitude estatística contrasta com a atitude ortodoxa, para a qual a função de onda forneceria uma descrição completa de um sistema individual.

De acordo com Park (1973), o conceito de colapso também é rejeitado por essa interpretação. Então deve ficar claro que, para a interpretação estatística, o problema da medição *não existe*. Para exemplificar a atitude mínima da interpretação estatística frente à situação do gato de Schrödinger ([1935] 1983), Ross-Boney (1974, p. 22) escreve que "Em qualquer experi-

---

[6] Para um estudo detalhado das teorias de variáveis ocultas, ver Belinfante (1973).

CAPÍTULO 4. A PAISAGEM AO REDOR

mento, aproximadamente metade dos gatos estão [alimentados] e metade estão [em jejum]".

Isto é, todo debate filosófico em torno do conceito de medição é evitado. Se trata de uma interpretação puramente funcional da teoria quântica, evitando grande parte dos seus problemas filosóficos. Por esse motivo, recebe grande atenção por parte da comunidade científica. Da forma como Jammer (1974, p. 119) descreve, tal interpretação seria "mais palatável para a maioria dos físicos". Isto é, tal interpretação evita diversos problemas filosóficos ao preço de considerar a ciência como um instrumento computacional, e não uma descrição da realidade objetiva.

Essa concepção instrumentalista, de acordo com o que vimos anteriormente, parece conflitar diretamente com a concepção de ciência do próprio Einstein (1949b, p. 667), segundo o qual, reitero, uma teoria física deveria fornecer "[...] a descrição completa de qualquer situação real (e individual, que supostamente existe independentemente de qualquer ato de observação ou comprovação)". Desse modo, parece mais seguro afirmar que as interpretações estatísticas não solucionam os problemas filosóficos nos fundamentos da interpretação da teoria quântica, mas somente evitam-nos para fins heurísticos.

4.2 A interpretação das variáveis ocultas

A interpretação de Bohm (teoria da *onda piloto, mecânica Bohmiana*, ou teoria de *de Brolie–Bohm*)[7] é uma solução ao problema da medição, que, ao invés de negar a assunção da validade universal das equações lineares da mecânica quântica (*e.g.*, postulando o colapso), nega que o estado quântico fornece uma descrição física *completa* sobre as propriedades que objetos físicos possuem. Isso também corresponderia à negação premissa α do problema da medição (conforme exposto na página 112). Vejamos brevemente como essa solução opera, tanto no nível dinâmico quanto ontológico.

---

[7] Não é claro que todos esses termos refiram à mesma coisa (para uma discordância a respeito disso, ver, por exemplo, Matarese, 2023a,b; Solé, 2012); no entanto, por questões didáticas, vou tratá-las como intercambiáveis.

A teoria da onda piloto é uma teoria sobre partículas bem-localizadas se movendo no espaço. Essas partículas são guiadas por uma onda de abrangência universal. A onda, por assim dizer, "pilota" a partícula. Isso nos dá uma boa ideia sobre a ontologia, e é por isso que Albert (1996) e Norsen (2017), respectivamente, dizem que "[n]a teoria de Bohm [...] o mundo consistirá em exatamente dois objetos físicos. Um deles é o estado quântico universal e o outro é a partícula universal" (Albert, 1996, p. 278); "[...] um único elétron, de acordo com a teoria da onda piloto, não é *uma* única coisa, mas *duas*—uma onda e uma partícula (literal, pontual) cujo movimento é controlado pela onda." (Norsen, 2017, p. 178). De acordo com Freire Jr., Paty e Barros (2000, p. 124), a mecânica bohmiana apresenta "os mesmos resultados já obtidos pela teoria quântica não relativista, mas em uma interpretação distinta daquela usual, a da complementaridade", distinção essa que residiria "na recuperação de certas premissas epistemológicas próprias da física clássica, como o determinismo". Ainda assim, não se trata de uma recuperação do quadro clássico, na medida em que Bohm propunha a ideia de um chamado "potencial quântico", que seria responsável por efeitos essencialmente quânticos, como a não localidade.

Aqui vale a pena mencionar uma breve digressão histórica e conceitual acerca dessa interpretação.[8] Assim como a interpretação estatística, a interpretação de Bohm (1952a,b) postula variáveis ocultas, *viz.*, as variáveis de *posição* —conforme veremos a seguir. Historicamente, ainda que Bohm tenha sido influenciado diretamente por Einstein na formulação de sua interpretação (ver A. Becker, 2018, capítulo 5), o fato de que as variáveis ocultas da interpretação bohmiana são não locais jamais agradaria Einstein. Como vimos no capítulo 2, a não localidade e a não separabilidade eram características físicas e filosóficas as quais Einstein sempre se opôs. Ainda assim, Einstein jamais se posicionou contrariamente à interpretação de Bohm.

---

[8] Por razões de espaço, este capítulo não trata da história que envolve a vida e obra de David Bohm. No entanto, recomendo fortemente que ela seja conhecida por quem quer que se interesse pelos fundamentos da mecânica quântica. Bons lugares para começar a fazê-lo são as obras de história dos fundamentos da mecânica quântica de Freire Jr. (1999, 2005, 2015, 2019), mas também A. Becker (2018), Cushing (1994) e Freire Jr., Paty e Barros (1994).

CAPÍTULO 4. A PAISAGEM AO REDOR

A interpretação de Bohm é essencialmente determinista, introduzindo variáveis ocultas não locais; assim, como observa Freire Jr. (2005, p. 7), "os elétrons de Bohm tem posições e momentos bem definidos; assim, eles têm trajetórias contínuas e bem definidas". De acordo com Cushing (1996, p. 5), não há um "problema da medição", na medida em que o colapso não é admitido; assim, "uma partícula sempre tem uma posição definida entre medições. Não há superposição de propriedades e 'medição' [...] é uma tentativa de descobrir sua posição atual". Vamos aprofundar um pouco esse ponto.

Do ponto de vista dinâmico, como as partículas sempre têm posições definidas, o estado quântico não expressa tudo o que há para saber sobre elétrons. O estado quântico descreve o estado da onda que guia a partícula em vários estados, *i.e.*, em várias posições. A equação usual que rege o processo 2 (*i.e.*, a Equação de Schrödinger) descreve o movimento dessa onda em termos da evolução do estado quântico. Já as partículas possuem uma equação própria, chamada "fórmula-guia"[9], que evolui em termos do *potencial quântico*. Esse potencial refere à posição de uma partícula arbitrária.

Ambas as equações dinâmicas são deterministas, então uma primeira questão que surge de imediato é a seguinte: como capturar as previsões estatísticas da mecânica quântica? Essas questões são sensíveis, pois as previsões estatísticas da mecânica quântica são grande parte do sucesso experimental da teoria. A resposta da teoria da onda piloto está em nossa incapacidade de saber tudo sobre as posições das partículas: as condições iniciais são inacessíveis, ou—como frequentemente coloca-se—são *variáveis ocultas*. As probabilidades são meramente epistêmicas. Isto é, expressam as limitações de nosso conhecimento sobre onde está o elétron: "[n]ão sabemos onde o elétron vai acabar porque não sabemos onde ele começou" (Barrett, 2019, p. 197).

Vamos recuperar o experimento da fenda dupla para ilustrar o que foi dito (figura 3.1, página 111). Quando uma partícula é disparada da fonte em direção à tela, a onda piloto é distribuída por *ambos as fendas, F_1 e F_2*. Cada

---

[9] Do inglês *"guiding equation"*, também referida sob a nomenclatura de "equação onda-guia".

partícula, no entanto, passa por *exatamente apenas uma fenda*, F_1 ou F_2. À medida que a partícula passa por uma das fendas, a onda piloto é afetada e modifica seu comportamento, influenciando sua trajetória. A interferência (padrão estatístico 2) ocorre justamente porque o movimento do elétron-enquanto-partícula é *influenciado* por uma onda associada, ou pelo elétron-enquanto-onda.

Essa mesma interferência desaparece (padrão estatístico 1) porque a medição influencia o comportamento da onda. Na detecção da passagem da partícula por um dos caminhos, a onda piloto é perturbada de tal forma que o termo de interferência é destruído. Isso ocorre porque a informação sobre o caminho através da qual a partícula passou influencia a onda piloto de uma maneira que a interfere de forma destrutiva com a onda que passou pelo outro caminho.

À primeira vista, tudo isso não parece tão distante da solução do colapso. No entanto, a questão ontológica é de suma importância para a compreensão da solução oferecida pela teoria da onda piloto. Nas palavras de Bell ([1981] 2004b, p. 128, ênfase original), *"ninguém pode entender essa teoria até que haja a disposição de pensar no estado quântico como um campo objetivo real, em vez de apenas uma 'amplitude de probabilidade'"*.

Trata-se de uma interpretação que se compromete com algum tipo de realismo metafísico, na medida em que a medição é considerada um ato de revelação de propriedades dos objetos quânticos —isto é, opera sob o princípio medição=revelação. Esse é um dos motivos pelos quais d'Espagnat (1983, p. 94) classifica a mecânica bohmiana como um "realismo não-físico", isto é, porque a realidade transfenomenal dos objetos quânticos (*viz.*, entre observações) não corresponde à ordem física.

De acordo com Freire Jr. (2015, p. 59), Bohm abandona a interpretação causal já na década de 1950; na década de 1980 desenvolve, com a colaboração do matemático Hiley, uma interpretação ontológica —também chamada de "teoria da ordem implicada" (Bohm, 1980).[10] Apesar de tal mudança na concepção da interpretação da teoria quântica, Freire Jr. (2015, p. 60) aponta

---

[10] Ver Bohm e Hiley (2006).

CAPÍTULO 4. A PAISAGEM AO REDOR

que "houve um comprometimento permanente com um tipo de realismo científico. [...] O determinismo, que seria a motivação da interpretação causal, foi abandonado".

Em sua interpretação ontológica, Bohm (1980, p. 218–271) postula ordens ontológicas sutis, de modo que a ordem física, observável, seria chamada de "ordem explicada", que seria determinada por uma ordem sutil mais alta, chamada de "ordem implicada" —em que estariam, por exemplo, fenômenos não locais como a consciência.[11] No entanto, conforme expressa em uma entrevista com R. Weber, quando questionado sobre a existência de uma "ordem super super-implicada", Bohm (1986, p. 33) responde que "pode haver uma ordem implicada até mesmo maior do que essa [super super-implicada]" —o que poderia ser considerado uma dificuldade filosófica na medida em que as "ordens" ontológicas cada vez mais altas poderiam ser postuladas infinitamente. Tal dificuldade parece se assimilar ao argumento de Aristóteles (*Metafísica, Livros I, II e III*, I, §990b17) do "terceiro homem" que deriva de uma redução ao infinito da teoria das formas platônicas, que poderiam, de acordo com a interpretação aristotélica, ser postuladas em graus ontológicos infinitamente mais altos.

Cushing (1996, p. 6) e Freire Jr. (2015, p. 63–64) destacam que a interpretação de Bohm não fora aceita nas primeiras décadas desde sua formulação, por motivos sociológicos, embora Freire Jr. (2015, p. 64) aponte que tal teoria tem conquistado prestígio e popularidade na comunidade dos fundamentos da física, principalmente a partir dos anos 2001.

4.3 A interpretação dos estados latentes

Para Margenau (1958), a evolução linear é suficiente para descrever os sistemas quânticos, de modo que o colapso introduziria, desnecessariamente, uma assimetria na teoria. As interpretações subjetivistas da consciência causando o colapso também são rejeitadas por Margenau (1963, p. 482), sob a

---

[11] Ver também Bohm e Hiley (2006, p. 381–388).

CONSCIÊNCIA E MECÂNICA QUÂNTICA

acusação de tornar a mecânica quântica uma teoria psicológica.[12] Propo-
nente da "teoria de latência", Margenau considera que uma medição revela
um estado latente de um objeto. É desafiador classificar essa interpretação
conforme o trilema exposto nas páginas 112–112, o que evidencia as limitações dessa classificação. Jammer (1974, p. 505) chama a atenção para o
fato de que Margenau, mesmo utilizando um referencial epistemológico e
metodológico diverso daquele oferecido pela interpretação de Copenhague,
chega a conclusões muito similares.

Um dos aspectos notáveis seria a interpretação sobre os estados latentes,
que se tornariam manifestos com o ato da medição, que é muito próxima da
posição tardia de Heisenberg ([1958] 1995) de que os estados observáveis são
potencialidades (à maneira aristotélica) passíveis de serem atualizadas com
o ato da medição.[13] Ainda assim, os dois autores diferem em um aspecto
ontológico, na medida em que Margenau considera a medição um ato de
revelação, enquanto Heisenberg ([1927] 1983, p. 73), como vimos no capítulo
1 a considera um ato de *criação*. Para mais detalhes sobre esse ponto, ver
Jammer (1974, p. 483).

Outro aspecto notável seria que Margenau considera a medição um fenômeno macroscópico, o que se aproxima da posição de Copenhague frente
à interpretação da medição quântica. Ao mesmo tempo, a posição de Margenau acaba por engendrar a mesma problemática que, do ponto de vista
filosófico, representa uma dificuldade para a interpretação de Bohr: o referido aspecto duplo da ontologia com a qual a interpretação se compromete, isto é, a cisão arbitrária entre os domínios clássico/quântico, acompanhada por uma ontologia própria de cada domínio —especificamente com
o comprometimento ontológico com entidades diferentes. Dessa maneira,
por mais que evite os problemas ontológicos da consciência, a proposta de
Margenau acabaria por herdar problemas fundamentalmente similares aos
enfrentados pela interpretação de Copenhague, como vimos no capítulo 1.

---

[12] Ver Jammer (1974, p. 478).
[13] Retomarei essa interpretação de Heisenberg no capítulo 5.

4.4 A interpretação dos estados relativos

A interpretação de Everett (1957) da mecânica quântica, conhecida como a "interpretação dos estados relativos" é uma das interpretações mais populares da mecânica quântica — ainda que não com esse nome, mas como "interpretação dos muitos mundos".[14] Barrett (1999, capítulo 2) identifica tal interpretação como uma reação direta ao problema da medição, conforme enunciada por von Neumann ([1932] 1955).

Essa solução leva a sério a superposição, aceitando que as equações lineares do processo 2 são *corretas e completas*;[15] na verdade, são tudo o que precisamos: todos os termos de uma superposição de fato ocorrem, mas não no mesmo mundo. Essa é a solução da mecânica quântica everettiana, nomeada após Everett (1957). Everett (1957, p. 316) apresenta tal interpretação a partir de dois postulados iniciais: a) a teoria quântica é completa sem o colapso, isto é, funciona inteiramente com as leis dinâmicas contidas na evolução linear; b) "todo sistema sujeito a uma observação externa pode ser considerado como parte de um sistema isolado maior". Tal "sistema maior", é chamado por Everett (1957, p. 317) de "estado absoluto", do qual partem os múltiplos "estados relativos". Na formulação de Everett, no processo de medição, o estado absoluto se desdobra em estados relativos paralelos, de modo que cada possibilidade de superposição de fato aconteça em cada estado relativo:

> Ao longo de toda sequência do processo de observação, existe apenas um sistema físico representando o observador, ainda que não exista um único estado do observador (que se segue das representações dos sistemas que interagem). Apesar disso, existe uma representação em termos de uma superposição, em que cada elemento contém um estado definido do observador e um estado do sistema correspondente. Assim, em cada observação (ou interação) sucessiva, o estado do observador se "ramifica"

---

[14] Sua popularidade pode ser atestada na cultura *pop*, conforme o recente estudo de Dodsworth (2023).

[15] Isso também é chamado de "hipótese de fissão" (do inglês *fission hypothesis*").

em um número de estados diferentes. Cada ramificação representa um resultado diferente da medição e do estado correspondendo ao estado do objeto. Todas as ramificações existem simultaneamente na superposição após qualquer sequência de observações. A "trajetória" da configuração da memória de um observador realizando uma sequência de medições não é, portanto, uma sequência linear de configurações na memória, mas uma árvore que se ramifica, com todos os resultados possíveis existindo simultaneamente em uma superposição final com vários coeficientes no modelo matemático. (Everett, 1957, p. 320–321).

A solução da mecânica quântica everettiana é também conhecida como "interpretação dos muitos mundos". A equivalência entre esses nomes é disputada, mas seguiremos a tradição de mantê-la.

No entanto, farei uma pequena digressão terminológica sobre isso. Está para além do escopo deste livro estabelecer se Everett endossava/endossaria a "interpretação dos muitos mundos", ou se essa é a melhor nomenclatura para descrever a solução proposta por Everett ao problema da medição. Muitas pessoas dizem que não (Barrett, 1999, 2011; Conroy, 2012), e há um termo mais neutro para quem concorda com isso: ao invés de chamar de "muitos mundos", essas pessoas preferem usar "estados relativos" (Barrett, 2022) para descrever a posição de Everett —afinal, foi sob o título de "A formulação dos 'estados relativos' da mecânica quântica" que Everett (1957) publicou os resultados da sua tese de doutorado na qual apresentava sua interpretação da mecânica quântica. Inegavelmente, quem cunhou o termo "muitos mundos" foi DeWitt (1970, [1971] 1973)— e não Everett. No entanto, a evidência histórica de correspondências, dentre diversos outros documentos, dá mais força à tese de que Everett desde sempre endossou a interpretação de muitos mundos.[16]

A questão é que a literatura padrão acerca da mecânica quântica everettiana não está interessada, por assim dizer, em fazer uma exegese da obra de Everett. Wallace (2012, p. 2) é explícito sobre isso ao afirmar que "eu uso

---

[16] Ver Barrett e Byrne (2012) e Bevers (2011).

CAPÍTULO 4. A PAISAGEM AO REDOR

[mecânica quântica] 'everettiana' e 'a interpretação de Everett' livremente, mas para os propósitos atuais, eu não sei nem me importo se estou descrevendo a visão histórica do próprio Everett". Aqui seguiremos essa mesma tradição, e apresentaremos a mecânica quântica everettiana *enquanto* (uma versão da) interpretação dos muitos mundos. Então passemos à breve apresentação de como ela funciona.

A parte dinâmica da mecânica quântica everettiana é bastante simples: tudo o que ela precisa é da boa e velha Equação de Schrödinger —linear, sem modificações ou suplementações. Para algumas pessoas, essa é a mecânica quântica *lida literalmente* (DeWitt, 1970; Wallace, 2012).

Mas lembre-se que esse é justamente o problema com o qual nos deparamos pra começar: se tomarmos como valor de face o que as equações lineares da mecânica quântica estão nos dizendo sobre o mundo, iremos inevitavelmente descrever os estados de coisas dos objetos físicos enquanto superposições. E o problema disso é que superposições desafiam nossa experiência imediata. Isso porque, relembremo-nos, ela implica que existem situações nas quais os estados de coisas de objetos são indeterminados (por exemplo, gatos sem estado determinado de estar em jejum ou alimentados) enquanto nossa experiência diz que isso não é o caso.[17] Pior ainda, no cenário do amigo de Wigner, nossa própria experiência seria indeterminada (no caso de estarmos na superposição de termos experienciado ou não um *flash*, ou no caso da Martha de estar na superposição de ter percebido o gato em jejum ou alimentado).

Ciente dessa situação, a mecânica quântica everettiana resolve o problema com a parte ontológica: cada termo de uma superposição de fato ocorre, mas em *mundos* distintos. Eis uma maneira bastante simplificada de entender a situação:

> Quando o ponteiro de um dispositivo de medição está em uma superposição de várias direções diferentes, por exemplo, devemos entender isso como vários ponteiros, cada um em um

---

[17] Como vimos no capítulo 2, essa foi a principal crítica de Einstein em relação à mecânica quântica.

mundo diferente, cada um apontando para uma direção determinada diferente. (Albert e Barrett, 1995, p. 35).

E não apenas ponteiros de aparelhos medidores, mas toda a realidade física —incluindo *nós*— também. DeWitt (1970, p. 30) cunhou o termo "mundos" para a noção de "estados relativos", quando afirmou que, revisitando o paradoxo do gato, a interpretação dos estados relativos "[...] considera que os gatos habitam dois mundos simultâneos, que não interagem, mas que são igualmente reais", o que popularizou a interpretação de Everett como a "interpretação dos muitos mundos". Jammer ressalta que, nessa interpretação dos estados relativos, as superposições nunca colapsam. Dessa forma:

> Para conciliar essa suposição com a experiência ordinária, que atribui ao sistema do objeto (ou o sistema de aparelhos correlacionados) após a medição apenas um valor definitivo do observável, a formulação dos estados relativos faz a sugestão ousada de que o "mundo" [...] foi dividido, como consequência da interação, para uma multiplicidade de "mundos" igualmente reais, cada um dos quais correspondendo a um componente definido pela superposição [...]. Assim, em cada "mundo" separado uma medição tem apenas um resultado, apesar do resultado diferir, em geral, de "mundo" para "mundo". (Jammer, 1974, p. 512).

A simplicidade na dinâmica é compensada pela complexidade —ou "extravagância", nos termos de Bell ([1981] 2004b, p. 133)— na ontologia, e isso gera questões importantes de dois tipos: a primeira diz respeito à noção de *probabilidade* e a segunda diz respeito à noção de "*mundo*". Comecemos com a última.

Um "mundo" é definido na mecânica quântica everettiana de acordo com nossa *experiência*. Um mundo é o lugar onde acontecem todas as coisas que você vê ao seu redor; é nesse lugar também que ocorrem suas experiências, pensamentos, percepções, etc. Assim, um "mundo" só se ramifica em outros mundos em situações onde essa experiência seria comprometida com superposições de estados macroscopicamente distinguíveis. Por exemplo, a

CAPÍTULO 4. A PAISAGEM AO REDOR

quantidade de mundos aumenta somente quando estamos sendo descritos por superposições de estados macroscópicos (por exemplo, estados de gatos em jejum ou alimentados). Em outras palavras, "mundos" são mundos *decoerentes*.

No nível fundamental, o estado físico do universo é descrito por um estado quântico universal, que evolui segundo a Equação de Schrödinger puramente linear. Esse estado se divide em mundos distintos em situações de decoerência/amplificação macroscópica. E, nas palavras de Dürr e Lazarovici (2020, p. 118), "[c]ada ramificação do estado quântico universal descreve uma história macroscopicamente bem-definida no espaço tridimensional, que chamamos de 'mundo'". Dessa maneira, a noção de "mundo" é emergente, e não fundamental. O que existe no nível fundamental é o estado quântico; é a função de onda em um espaço de alta dimensão. O espaço tridimensional ao qual chamamos de "mundo", com partículas, mesas e cadeiras, são fenômenos *emergentes*.

Outra característica dessa interpretação é a impossibilidade de especificar o momento exato em que a ramificação ocorre —trata-se de um conceito *vago*, assim como tantos outros na filosofia, como o conceito de *observável* (van Fraassen, 1991). Ao invés disso a ramificação é um processo[18] gradual:

> Quando dizemos que um mundo "se divide" ou "se ramifica" (por exemplo, no decorrer de um experimento de medição), na verdade estamos falando de um processo gradual. [...] Não tente pensar em um momento exato em que "plim" e o mundo de repente se multiplica. O conceito de "mundo" tem uma certa imprecisão— geralmente não é possível dizer exatamente quantos mundos existem ou em que momento ocorreu uma nova divisão. (Dürr e Lazarovici, 2020, p. 118).

Com a noção de "mundo" colocada no lugar, passemos à discussão acerca da probabilidade. Aqui temos uma situação parecida com a que encontra-

---

[18] *N.B.*: não trata-se aqui do termo de arte, "processo", conforme é tratado na filosofia de processos de Whitehead. Sobre isso, consultar o capítulo 5.

mos no caso da teoria da onda piloto: a Equação de Schrödinger é determinista, mas é importante recuperar o aspecto probabilista da mecânica quântica haja vista que ele representa boa parte do seu sucesso experimental. Mas é longe de ser óbvio como isso pode ser o caso, pois eis como se dá uma típica descrição da mecânica quântica everettiana sobre a situação em que Martha se encontra.

Aconteça o que for, sabemos que o mundo em que Martha interage com um gato de Schöodinger irá se multiplicar em outros dois, como ilustrado na Figura 4.1: o MUNDO 1, no qual o estado de coisas JEJUM obtém, e o MUNDO 2 no qual o que ocorre é ALIMENTADO. Isso ocorre 100% das vezes.

Figura 4.1: A estrutura da ramificação de Martha.

É importante salientar que na interpretação de Everett (1957, p. 320) não existe a dicotomia entre estados potenciais e estados atuais, tampouco a transição de potência para ato: "todos os elementos de uma superposição (todos as 'ramificações') são 'atuais'; nenhum é mais 'real' do que os demais", de modo que todos os elementos de uma superposição obedeçam, igual e separadamente, à evolução linear —o que implicaria, para Everett (1957, p. 320), uma "total falta de efeito de uma ramificação sobre outra", o que também implica que "nenhum observador jamais estará ciente de qualquer processo de 'divisão'". A questão da impossibilidade da observação de tal ramificação dos estados é salientada por Jammer (1974, p. 514), quem afirma que "nenhum experimento em dada ramificação poderia revelar o resultado de uma medição obtida em outra ramificação do universo". Assim, lembrando da taxonomia de Maudlin (1995), essa interpretação nega a assunção γ (página 112), isto é, que existam resultados únicos de medição. Nessa interpretação, mantendo a analogia do gato de Schrödinger, gatos em

CAPÍTULO 4. A PAISAGEM AO REDOR

jejum e gatos alimentados existem, simultaneamente, em ramificações diferentes.

E já que as coisas acontecem dessa maneira, como recuperar a ideia de que o gato tem 50% de chances de ser encontrado em jejum, já que a teoria diz que com 100% de chances você (e o gato, o aparelho, o elétron, e tudo mais) irá se bifurcar em outros mundos para encontrar o o gato seja como for? Todas as possibilidades quânticas se realizam, e isso torna a atribuição de probabilidades uma questão desafiadora.

Diversas soluções foram propostas, as quais destaco duas: a interpretação da teoria da decisão e a interpretação da incerteza de autolocalização. De acordo com a primeira, devemos abandonar a ideia de probabilidades pois elas simplesmente não fazem sentido na mecânica quântica; ao invés disso, devemos apenas atentarmo-nos sobre como agentes racionais devem devem fazer escolhas em um cenário de muitos mundos (Deutsch, 1999; Greaves, 2007; Wallace, 2012). Proponentes dessa solução aplicam a *teoria da decisão* para argumentar que as escolhas racionais (ou as *apostas*) que agentes devem fazer não são diferentes em cenários de um único mundo e em cenários de muitos mundos. Assim, as probabilidades teriam as mesmas aplicações práticas do que outras interpretações, de modo que isso não seria mais um problema exclusivo para a interpretação de muitos mundos.

De acordo com a segunda, a probabilidade na mecânica quântica everettiana deve ser entendida como uma probabilidade subjetiva, isto é, que reflete nossa incerteza (em contraste à probabilidade objetiva de, por exemplo, $\frac{1}{6}$ que um dado de 6 lados tem de cair no número 6 em uma rolagem) acerca de qual mundo estamos localizados (Saunders, 1998; Sebens e Carroll, 2018). Vejamos brevemente como isso funciona. Considere novamente o caso de Martha. Após a medição, Martha se dividirá em duas pessoas: uma pessoa que viu o estado de coisas do MUNDO 1 e outra que viu estado de coisas do MUNDO 2 (ver Figura 4.1). No entanto, antes da medição, Martha não viu nenhum desses mundos. Chamemos essa pessoa de Martha$_{\text{MUNDO 0}}$, e a questão que se coloca a ela é a seguinte: qual pessoa ela espera se tornar no futuro? Aqui estão as respostas possíveis:

1. Ambas as pessoas;

2. Nenhuma delas;

3. Apenas uma delas.

A primeira alternativa parece absurda, pois não há como esperar que uma pessoa veja, por exemplo, um aparelho medidor apontando para duas regiões ao mesmo tempo. A segunda alternativa também é descartada pois *algo* irá ocorrer com o sistema após a medição —*i.e.*, ele não vai ficar em superposição para sempre. Se as coisas forem assim, resta apenas a terceira opção. Mas ela não sabe dizer de antemão qual das pessoas, Martha$_{MUNDO\ 1}$ ou Martha$_{MUNDO\ 2}$, ela irá se tornar. Dessa forma, ela é *incerta* sobre qual é a localização do mundo em que ela habita dentro no multiverso de muitos mundos— as probabilidades expressam exatamente isso: a probabilidade dela se encontrar em cada um desses mundos.[19]

Por fim, devemos tratar da questão que nos trouxe até aqui, a saber: superposições desafiam nossa experiência imediata pois não experienciamos a falta de determinação de propriedades, por exemplo, de localização. Do ponto de vista da nossa experiência, as coisas estão *aqui ou ali* o tempo todo. E nesse sentido, negar que medições possuem resultados únicos também vai de encontro àquilo que podemos testemunhar com nossa experiência direta. Postular uma multiplicidade de mundos não parece ajudar. Isso porque, do ponto de vista da *nossa* experiência, nós não nos sentimos como se vivêssemos em um multiverso. Não sentimos que ramificamos.

Mas como sentiríamos caso passássemos o universo se dividisse e se multiplicasse a todo momento? Essa questão é sensível, pois traz à tona a importância das nossas intuições para as visões de mundo sugeridas pela física. Vejamos como exemplo o trecho a seguir, da reconstrução de um diálogo que Elisabeth Anscombe (1959, "E. A.") supostamente teve com Ludwig Wittgenstein ("L. W."):

---

[19] Uma maneira de recuperar a probabilidade objetiva na mecânica quântica everettiana foi proposta por Wilson (2013, 2020); para tanto, uma proposta heterodoxa de entender os muitos mundos enquanto *paralelos* ao invés de *ramificados* foi colocada. A exposição seria, contudo, demasiadamente técnica para ser apresentada em um livro introdutório do assunto.

CAPÍTULO 4. A PAISAGEM AO REDOR

L. W.: Por que as pessoas dizem que era natural pensar que o Sol girava em torno da Terra, em vez do contrário?

E. A.: Porque *parece* que o Sol gira em torno da Terra.

L. W.: Como *pareceria* se a Terra girasse em torno do Sol? (Anscombe, 1959, p. 151, ênfase original).

E sabemos por uma questão de fato que a Terra *gira* em torno do Sol. Mas nós sentimos o movimento da Terra de modo a poder atestar isso sob nossa experiência direta? Lembre-se que Feyerabend ([1975] 1977) traz essa questão ao analisar o caso de Galileu ao propor a tese do heliocentrismo. Dentre as diversas dificuldades, Galileu teve que se opor ao geocentrismo ao mesmo tempo em que se opunha ao apelo intuitivo do mesmo. Não sentimos o movimento, e isso era explicado pela teoria científica da época (lembre-se também que o geocentrismo era uma tese científica na época). O heliocentrismo nega o lugar natural das coisas, e para isso era preciso incrementar a narrativa com outras coisas: por exemplo, a relatividade do movimento e a lei da inércia circular. Então, como *pareceria* se o mundo bifurcasse a cada processo de medição? Isso mesmo: exatamente assim.

Uma análise panorâmica das críticas que a interpretação dos estados relativos recebeu pode ser encontrada em Jammer (1974, p. 516–519). Ressalto apenas que o aspecto mais criticado de tal interpretação é o comprometimento ontológico com algum tipo de multiverso; d'Espagnat (2006, p. 191–192) chega a descartar tal interpretação mediante tal crítica, na medida em que a interpretação dos estados relativos não é clara quanto ao momento em que o universo se divide, isto é, exatamente quando uma ramificação ocorreria. Para Belinfante (1973, p. 313), a interpretação dos estados relativos não responde o problema da medição, mas somente evita o axioma do "colapso" de um ponto de vista prático. Ainda que os aspectos ontológicos da interpretação dos estados relativos não tenham sido o objetivo central da discussão suscitada por Everett, é notável que suscite outro espectro de problemas ontológicos —por mais que nenhum deles se relacione com o subjetivismo.

Também é relevante ressaltar que tal interpretação recebera diversas releituras, com diversas formulações ontológicas, nas quais a dos "muitos mundos" referida acima é apenas uma. Outra formulação derivada seria a interpretação das "muitas mentes", sobre as quais pode-se fazer referência aos trabalhos de Albert e Loewer (1988) e Lockwood (1989). Outra interpretação notável, que a princípio se relaciona com a discussão da seção anterior, fora suscitada por Squires (1991, 1993), na medida em que postula uma "consciência universal", que remete ao "estado absoluto" de Everett (1957). Em um raciocínio similar ao de Wigner ([1961] 1983), Squires (1991, p. 285) propõe o postulado da "universalidade da consciência", isto é, a existência de uma consciência universal. O raciocínio de Squires (1993) se dá da seguinte forma:

> Se supusermos que a minha e a sua consciência podem selecionar independentemente suas experiências, então não existiria algo para prevenir que fizéssemos escolhas diferentes. [...] Isso não significa que iríamos discordar do resultado das nossas experiências quando nos encontrarmos (é um fato simples da teoria quântica que isso não pode ocorrer); ao invés disso, significa que o 'você' que eu encontraria não seria escolhido pela sua consciência, isto é, você não seria mais um ser consciente! Tal possibilidade bizarra deve, certamente, ser excluída. Isso requer que haja somente uma seleção. A maneira mais simples de assegurar que isso ocorra é postular que há somente uma mente consciente [...], isto é, que há uma consciência universal. (Squires, 1993, p. 117–118).

A proposta de Squires (1993), no entanto, se relaciona com teorias da medição que não aceitam a existência do colapso e, por isso, se diferencia das demais propostas discutidas anteriormente.

Ainda assim, como lembra Saunders (2010, p. 9, nota 5), Everett jamais teria mencionado o termo "consciência" em seus escritos —ainda que tenha se referido ao termo "experiência", e que Zeh (2000) tenha insistido conti-

4.5 A interpretação do colapso espontâneo

Do ponto de vista dos fundamentos da mecânica quântica, seria desejável haver um mecanismo natural pelo qual o estado quântico entrasse em colapso espontaneamente. Isto é, que o sistema em superposição entrasse em colapso algum tempo antes do momento em que olhamos para aparelho de medição. É exatamente tal mecanismo que Ghirardi, Rimini e Weber (1986) oferecem: uma maneira de entender o colapso sem que seja necessário postular a noção vaga de "medição" ou "consciência". A teoria é frequentemente chamada de "GRW", devido à abreviação das iniciais de seus proponentes. Com isso, GRW oferece uma nova dinâmica que opera em adição à dinâmica linear: o colapso espontâneo.

Para fazê-lo, GRW postula novas constantes na natureza: τ, que é a frequência de colapsos, e a que especifica a "largura" da função de colapso. Assim, a dinâmica usual de Schrödinger é multiplicada pelo "fator de colapso" $j(x) - Ke^{-x^2/2a^2}$.[20]

Se τ é suficientemente pequena, é muito improvável que um único sistema de partículas colapse. Tome, novamente, a situação da dupla fenda. As descrições que levam ao padrão estatístico 2 são suficientemente simples, isto é, com um alto valor de τ. Colapsos de sistemas assim, *viz.*, partículas individuais são extremamente raros; precisamente 1 a cada 10^{16} segundos. De acordo com Lewis (2016, p. 52) "[...] pode-se observar uma única partícula por cem milhões de anos sem nunca ver um colapso". Isso é justamente o que esperávamos para poder explicar, por exemplo, fenômenos de interferência. À medida que a complexidade do estado quântico aumenta (o valor τ aumenta), a probabilidade de um colapso também aumenta.

---

[20] A aplicação desse fator de colapso na Equação de Schrödinger não é nada trivial e apresentá-la foge do escopo deste texto introdutório. Para mais detalhes sobre o formalismo de GRW, ver Dürr e Lazarovici (2020).

CONSCIÊNCIA E MECÂNICA QUÂNTICA

Considere novamente o estado quântico do gato de Schrödinger. Ele denota um estado quântico extremamente complexo, possuindo trilhões de partículas que compõem, por exemplo, o aparelho medidor. Segundo GRW, o colapso desse sistema é altamente provável. E isso é justamente o que esperávamos para lidar com o fato intuitivo de que sempre observamos resultados de medição bem-definidos. Para sistemas complexos, a taxa alta de colapso explica o fato de não vermos superposições. Ao se correlacionar com o aparelho, todo o sistema rapidamente colapsa para um dos estados. No entanto, como aponta Maudlin (2003, p. 475), abandona a noção de que haja um agente causal necessário para que uma medição seja efetuada: "nessa teoria, colapsos acontecem aleatoriamente, com uma probabilidade fixa, e não são particularmente associados com qualquer tipo de interação".

Lembre-se que a dinâmica linear de Schrödinger implica em superposições macroscópicas. Para GRW, essa superposição é instável, de modo que o sistema todo colapsa espontaneamente para um dos estados em uma fração de segundos. Como diz Lewis (2016, p. 53), "[...] podemos simplesmente dizer 'a posição da partícula está correlacionada com a posição de um objeto macroscópico sólido' e o resultado será o mesmo". Assim, a parte da dinâmica fica clara:

> Enquanto um estado quântico [...] normalmente evolui de acordo com a Equação de Schrödinger, de tempos em tempos ele dá um salto. [...] A probabilidade por unidade de tempo para um salto GRW [*viz.*, um colapso espontâneo] é N/τ onde N é o número de elementos no estado quântico e τ é uma nova constante. O salto é para um estado quântico "reduzido" ou "colapsado". (Bell, [1989] 2004a, p. 202–203).

De acordo com Pessoa Jr. (1992), as formulações que assumem a noção de colapso espontâneo funcionariam apenas para sistemas macroscópicos.

> Para sistemas de poucas partículas, tal localização [colapso] ocorreria muito raramente, e praticamente não violaria a Equação de Schrödinger. Para um sistema macroscópico, no entanto,

Capítulo 4. A paisagem ao redor

composto de um grande número de partículas emaranhadas, tal colapso espontâneo ocorreria freqüentemente. Isso explicaria porque a redução [ou colapso] só ocorre quando um aparelho macroscópico se acopla ao objeto quântico. (Pessoa Jr., 1992, p. 200).

Assim, Albert (1992, p. 105) relembra que, da mesma forma como a interpretação de Copenhague e a interpretação de Margenau, a formulação GRW incorreria no problema filosófico do macrorrealismo.

Já na parte ontológica, existem ao menos três opções.[21] A princípio, GRW parece ter comprometimento ontológico com partículas, já que fala-se da grande quantidade de *partículas* que dão origem à superposições instáveis (isto é, altamente prováveis de colapsar, como de aparelhos medidores macroscópicos). No entanto, a teoria não nos fornece nada além do estado quântico/função de onda dos sistemas compostos —por exemplo, ⟨objeto + aparelho + Martha⟩— e "como ele evolui para dar conta de nossa experiência" (Barrett, 2019, p. 135). Essa interpretação de GRW é chamada de "GRWr"; nela, o mundo seria composto por "exatamente um objeto físico —a função de onda universal" (Albert, 2013, p. 54).

A segunda opção é interpretar GRW como uma teoria sobre uma ontologia de *densidade de massa*, de acordo com a qual o que existe é um campo de densidade de massa no espaço ordinário, tridimensional. Essa opção é chamada de "GRWm". Uma terceira opção, chamada de "GRWf", é interpretar GRW a partir de uma ontologia de *eventos*.[22] Nada de ondas ou partículas em nenhuma dessas interpretações, ao menos no nível fundamental (Emery, 2017).

---

[21] Para maiores detalhes, ver Allori (2021), Barrett (2019) e Esfeld (2018).

[22] Eventos esses denominados *"flashes"*, que nada têm em comum —exceto o termo!— com os *flashes* de luz, conforme vimos no capítulo 3, com o paradoxo do amigo de Wigner (que chamei neste capítulo de "Martha".

4.6 Uma escolha filosófica

Analisei, nos dois últimos capítulos, o problema da medição. Introduzido propriamente por von Neumann ([1932] 1955), esse problema se origina em conflito axiomático entre as equações dinâmicas e o fato empírico da observação. A posição de von Neumann foi endossada durante os anos seguintes, atingindo seu ápice na formulação subjetivista de London e Bauer ([1939] 1983) e em sua maior dificuldade com a situação solipsista proposta através do experimento de pensamento do amigo de Wigner ([1961] 1983). Bass (1971) tentou superar tal dificuldade utilizando a concepção de consciência oferecida por Schrödinger ([1961] 1964) que, por sua vez, seria baseada nos escritos indianos do Vedanta.[23] Goswami (1989) levou a cabo a formulação de uma interpretação para a mecânica quântica com base no pensamento vedântico, baseado numa ontologia na qual a consciência (à maneira vedântica) é a base do ser.

Conforme procurei expor, os debates filosóficos suscitados pelas dificuldades conceituais acerca da interpretação da noção de medição deram origem a diversas interpretações da teoria quântica em que, como observa Pessoa Jr. (2019a, p. 4) "[...] cada uma dessas interpretações é internamente consistente e, de modo geral, consistente com experimentos quânticos". Todavia, observa-se que, dentre as interpretações que abordam o problema, nenhuma é livre de dificuldades filosóficas.

Parece seguro classificar tais dificuldades em dois grupos maiores: 1) o macrorrealismo, próprio das interpretações que separam o domínio clássico do domínio quântico em dois domínios ontológicos diferentes, em que o primeiro é agente causal sobre o segundo; 2) a introdução de agentes metateóricos para a causação da medição; nos casos estudados, a introdução e comprometimento ontológico com consciência por duas vias: 2a) subjetiva/múltipla, numa concepção dualista, que herda os problemas da teoria cartesiana; 2b) unitiva, à maneira do pensamento vedantino, que também se compromete com a problemática própria dessa linha.

---

[23] Ver também Schrödinger ([1967] 1997).

Capítulo 4. A paisagem ao redor

Poder-se-ia organizar num terceiro grupo as teorias que não admitem a descontinuidade da medição, isto é, o colapso, como as teorias de Bohm e Everett, que também suscitam problemas ontológicos na tentativa de solucionar o problema da medição. As interpretações estatísticas estariam num outro grupo, no qual a questão da medição não é abordada.

Dessa forma, a pluralidade de opções não torna fácil a vida de quem afirma que existe *uma* interpretação correta da mecânica quântica —"*a mais correta* que as outras". Esse é o famoso problema da subdeterminação: há diversas alternativas para interpretar os fenômenos descritos pela mecânica quântica, e não há razões disponíveis, sejam científicas ou filosóficas, para escolher uma em detrimento de outras —seja *verdadeira* ou *mais adequada*.[24]

O alto grau de humildade epistêmica gerado pela subdeterminação, caso não seja percebido, pode esconder atitudes dogmáticas mascaradas por sentenças do tipo: "a mecânica quântica (*simpliciter*) *implica* que ...". Conforme visto neste capítulo, ao menos em relação ao domínio ontológico, frases assim carecem de justificação epistêmica.

---

[24] Para um estudo mais detalhado sobre o problema da subdeterminação nas interpretações da mecânica quântica, ver Arroyo (2020) e Arroyo e Arenhart (2020).

Capítulo 5

Novos horizontes

O sucesso empírico da mecânica quântica está fora de questão. Seu sucesso conceitual, por outro lado, é uma história totalmente diferente. Devido ao problema da medição, a mecânica quântica é conceitualmente incompleta; completar conceitualmente a mecânica quântica é oferecer as chamadas "interpretações da mecânica quântica". No entanto, as interpretações da mecânica quântica são fortemente marcadas por hipóteses *ad hoc*, no sentido proposto por Popper (1974, p. 986), ou seja, "uma conjectura [é] '*ad hoc*' se for introduzida [...] para explicar uma dificuldade específica, mas [...] não pode ser testada de forma independente".

Meu foco aqui tem sido uma solução específica para o problema da medição, a saber: a *interpretação da consciência causal*. O motivo pelo qual fiz esse recorte é duplo. Por um lado, essa interpretação foi, em grande parte, deixada de lado pela literatura especializada;[1] em contrapartida, ela foi apropriada por uma literatura não-científica (o assim-chamado "misticismo quântico"). Espero ter fechado a porta para a última no capítulo 3, e espero abrir um caminho para a primeira neste capítulo.

Como vimos, essa interpretação defende a agência causal da consciência humana como um recurso fundamental nos processos de medição. Se-

---

[1] Ainda que isso esteja mudando, ver de Barros e Montemayor (2019) e Gao (2022).

CONSCIÊNCIA E MECÂNICA QUÂNTICA

guindo as metaontologias tradicionais na filosofia analítica,[2] poderíamos dizer que essa interpretação é ontologicamente comprometida com a existência de uma entidade específica no mobiliário do mundo: a "consciência". Ao longo deste livro, chamei essa abordagem de *ontologia naturalizada*, ou $\mathcal{O}_N$. Frequentemente presume-se, no entanto, que essa entidade deva ser compreendida metafisicamente sob a égide da metafísica da substância —e, por consequência, várias vertentes do dualismo.[3]

O problema é que o dualismo não vem de graça: ele herda o problema mente-corpo, que tem assombrado a filosofia (ao menos) desde Descartes. Portanto, é seguro dizer que a interpretação da consciência causal *também* herda tal problema. Assim, é compreensível o porquê dela ser uma perspectiva tão impopular entre a comunidade de fundamentos quânticos. Ao mesmo tempo, torna-se intrigante compreender os motivos para que alguém adotar essa interpretação. Em particular, porque —como se o problema mente-corpo não fosse o bastante— as tentativas de evitar o problema mente-corpo dentro da interpretação da consciência causal acabaram por introduzir um *outro* problema, que é o da inadequação empírica da interpretação da consciência mística. Vimos tudo isso no capítulo 3.

Como consequência dessas duas frentes (*viz.*, o problema mente-corpo na interpretação da consciência causal e o problema da inadequação empírica na interpretação da consciência mística), temos a impopularidade dessa família de interpretações —erroneamente, na minha opinião, identificadas como "a interpretação da consciência" *simpliciter*.

Para ilustrar essa impopularidade, aponto o estudo de Schlosshauer, Kofler e Zeilinger (2013). Eles apresentaram uma pesquisa aos participantes de uma conferência em fundamentos da mecânica quântica[4] contendo perguntas de múltipla escolha sobre diversos tópicos em aberto. Dentre diversas perguntas com questões fundacionais, houve uma pergunta sobre o papel

---

[2] Isto é, as metodologias carnapiana e quineana (ver Arenhart, 2023; Arenhart e Arroyo, 2021a; Arroyo e da Silva, 2022b; Berto e Plebani, 2015).

[3] Ver, por exemplo, os argumentos para tal em Arroyo e Arenhart (2019).

[4] A saber, *"Quantum Physics and the Nature of Reality"*, ocorrida Áustria, julho de 2011. Para a lista completa de participantes, ver Schlosshauer, Kofler e Zeilinger (2013, p. 229).

do observador na física. Apenas 6% (dois, dos trinta e três participantes) afirmaram acreditar que a consciência desempenha um papel crucial no processo de medição. Os resultados obtidos pela pesquisa, embora não muito expressivos dado o número de participantes, são bastante emblemáticos em termos da atitude em relação ao conceito de consciência nos fundamentos da mecânica quântica.

O plano deste capítulo é questionar a tradicional —por vezes, até mesmo *automática!*— ligação direta entre a interpretação da consciência causal e a metafísica do dualismo de substância. Ao propor uma abordagem baseada em processos para a interpretação da consciência causal, busco eliminar os enigmas filosóficos cruciais associados a ela, *vide* o problema mente-corpo. Notavelmente, o trabalho de Whitehead (1928) parece ser um bom ponto de partida, uma vez que já existem várias tentativas de compreender a mecânica quântica sob a metafísica de Whitehead, baseada em processos (Malin, 2001; Shimony, 1964). No entanto, nenhuma dessas tentativas focou explicitamente na interpretação da consciência causal. E, como a metafísica de Whitehead oferece uma solução não eliminativista para o problema mente-corpo (Weekes, 2012), pensei que poderia ser frutífero tentar conectar ambas as coisas.

5.1 Antiga abordagem: consciência como substância

Lembre-se de que a interpretação da consciência causal resolve o problema da medição quântica ao colocar a mente fora do escopo da dinâmica quântica linear, *viz.*, fora do processo 2. Uma consequência direta disso é colocá-la fora do escopo das superposições. O colapso/processo 1 seria, então, causado pela interação com uma mente humana (Wigner, [1961] 1983). Lembre-se que essa não é uma proposta popular —ao menos não nos fundamentos da física (Schlosshauer, Kofler e Zeilinger, 2013)— pelos motivos apresentados acima. Minha hipótese de trabalho para explicar isso é: talvez a alegada implausibilidade da interpretação da consciência causal —e, portanto, sua impopularidade— esteja intimamente relacionada à ausência do seu desenvolvimento metafísico.

Isso mesmo, sugiro que uma maior atenção na *metafísica* da interpretação da consciência causal talvez possa torná-la mais plausível —e, por conseguinte, mais popular. Assim, formular teorias metafísicas sob medida para a mecânica quântica parece ser uma tarefa essencial para a filosofia contemporânea. De fato, há até mesmo uma metodologia para isso: a Abordagem *Toolbox* para a metafísica (ver French e McKenzie, 2012, 2015; French, 2014, 2018, e *cf.* com Arenhart e Arroyo, 2021c) sugere que a filosofia da ciência deve utilizar os dispositivos teóricos produzidos pela metafísica analítica como uma fonte conceitual para obter uma melhor compreensão das teorias científicas.

Isso já foi feito em outros contextos. O mais recente que conheço é o de Wilson (2020). Ele desenvolveu uma versão do realismo modal, inspirado em David Lewis, levando em consideração (outra) interpretação específica da mecânica quântica —a interpretação dos muitos mundos. O que se resultou foi uma teoria metafísica, chamada "realismo modal quântico", feita sob medida[5] para a interpretação dos muitos mundos (que vimos no capítulo 4).

Se esse diagnóstico estiver correto, aqui está *outra* hipótese de trabalho que vou explorar ao longo deste capítulo: uma metafísica substancialista/dualista foi automaticamente associada à interpretação da consciência causal, sem maiores debates ou desenvolvimentos na área da metafísica da ciência; assim, sugiro que a elaboração de uma metafísica para a noção de "consciência", inspirada na metafísica dos processos apresentada por Whitehead (1928), poderia elucidar algumas das maiores dificuldades da interpretação da consciência causal —e, com isso, abrir novos horizontes investigativos para a mesma. Trata-se, portanto, de uma proposta fundamentada na esperança de que "mesmo que a mecânica quântica não explique a consci-

---

[5] Para uma discussão metodológica sobre esse ponto, ver Arroyo (2023b), mas *cf.* com Arroyo e Arenhart (2022b).

Capítulo 5. Novos horizontes

ência, talvez uma teoria da consciência possa lançar luz sobre os problemas da mecânica quântica" (Chalmers, 1996, p. 311).

Como não sou a primeira pessoa a pensar sobre isso, vamos ver onde outras pararam para que possamos retomar a partir desse ponto. Shimony e Malin (2006, p. 271) ponderam diferentes atitudes em relação à interpretação do conceito de medição e consideram que a interpretação da consciência causal *poderia ser* favorável a uma filosofia whiteheadiana. No entanto, isso foi apenas sugerido por esses autores. Eles acabam negando a plausibilidade dessa interpretação devido à sua —aparente— implicação necessária na ideia de *consciência subjetiva*. Assim, Shimony (1963, p. 763–767) explicitamente rejeitou como viáveis as interpretações que consideram a consciência subjetiva do observador como agente causal do colapso na medição quântica. Vou retomar a partir de onde Shimony e Malin (2006) pararam. Ao contrário deles, vou assumir alguns riscos a mais, e tentar desenvolver mais a fundo as perspectivas de uma interpretação whiteheadiana da interpretação (*sic*) da consciência causal.

Enquanto a da consciência causal tem sido descartada por diversos motivos,[6] não existem argumentos fatais contra ela.[7] No entanto, ela herda um problema filosófico grave, *vide* o problema mente-corpo. Talvez a afirmação mais explícita da conexão tradicional entre a interpretação da consciência causal e o problema mente-corpo venha de Hall, Kim, McElroy e Shimony (1977):

> [...] se [o problema da medição] de fato representa um problema genuíno, então é um problema muito difícil, e alguns físicos e filósofos passaram a acreditar que nenhuma solução fácil, não radical, terá sucesso. Já que o problema mente-corpo é um problema perene não resolvido (que a física clássica de alguma forma conseguiu contornar sem resolver), pode-se conjecturar que os dois problemas estão entrelaçados. (Hall, Kim, McElroy e Shimony, 1977, p. 761).

---

[6] Veja, por exemplo, Albert (1992), Chalmers (1996) e Lewis (2016).
[7] Ver Arroyo e Arenhart (2019) e de Barros e Oas (2017).

Portanto, eis como as coisas estão para a interpretação da consciência causal: mesmo que não tenhamos fundamentos físicos nem metametafísicos para descartá-la objetivamente (ver todo o argumento em Arroyo e Arenhart, 2019; de Barros e Oas, 2017), e mesmo que se aceite todas as consequências filosóficas dessa interpretação, uma coisa de fato permanece: *se* a interpretação da consciência causal está vinculada ao dualismo de substância, *então* ela fica presa ao problema mente-corpo. Ou seja, uma vez que essa interpretação é adotada, ela herda tradicionalmente o ônus da prova de resolver o problema mente-corpo, *vide*, fornecer uma explicação precisa de como uma mente não física pode interagir com um sistema físico, *e.g.*, um aparato de medição, ou qualquer outro sistema quântico. No entanto, ao fazer isso, a interpretação da consciência causal troca o problema da medição na mecânica quântica pelo problema mente-corpo na filosofia. As probabilidades estão contra tal interpretação, uma vez que o problema mente-corpo permanece sem solução por *muito mais tempo* do que o problema da medição.

Bem, talvez.

5.2 Novas direções: consciência como processo

Aqui está outra maneira de formular o problema. A literatura que defende a interpretação da consciência causal na mecânica quântica pressupõe, direta ou indiretamente, uma metafísica dualista para o conceito de consciência que é, ao mesmo tempo, *(i)* dualista, na medida em que separa consciência e "matéria" em substâncias distintas, e *(ii)* subjetivista, na medida em que a noção de consciência se baseia no "Eu", que pensa e, portanto, existe.

Agora, aqui está a possível saída. Ao contrário da metafísica materialista, a metafísica whiteheadiana é considerada não reducionista, uma vez que não nega a eficácia causal entre os polos material e não material (mental) da existência. Ao contrário do dualismo, ela também não os considera ontologicamente separados. No modelo metafísico de Whitehead, a consciência contém e é contida pelo conceito de "matéria"; de uma perspectiva de processos (e não de objetos), a consciência transcende e é transcendida pela matéria. Assim, pode-se afirmar que, a partir de uma perspectiva de metafísica de processos, o mundo é tanto imanente quanto transcendente.

Inicialmente, tais categorizações eliminam as principais dificuldades enfrentadas pelo conceito de consciência. No entanto, o aspecto do subjetivismo considerado acima *(ii)* precisa ser levado em conta, uma vez que uma interpretação subjetivista é indesejável em uma teoria científica, e Whitehead considera que o conceito de consciência possui um aspecto subjetivo —não é, no entanto, *reduzido* à subjetividade, como na metafísica dualista (ver Griffin, 2001). Tendo em mente que o modelo de Whitehead oferece uma maneira original —e pouco mencionada na literatura específica, como apontam Weber e Weekes (2009)— de lidar com o problema mencionado anteriormente, argumento que uma metafísica semelhante à de Whitehead pode ser frutífera para a noção de consciência aplicada à interpretação da mecânica quântica. Esta seção introduz um quadro para tal desenvolvimento na metafísica da ciência.

Embora o uso da metafísica de processos de Whitehead para interpretar a relação entre consciência e mecânica quântica seja inovador,[8] a tentativa mais ampla de interpretar a mecânica quântica a partir de certos aspectos da filosofia de Whitehead não é nova. Na verdade, os resultados da física foram um dos principais pontos de partida para a teoria de Whitehead (1928, p. 121–122), que visava fornecer uma base conceitual para o que ele se refere como "teoria quântica". No entanto, como observou Shimony (1964, p. 240), a mencionada "teoria quântica" em Whitehead é a teoria quântica inicial, *vide* a teoria desenvolvida pela primeira vez no início de 1900.

O período em que a filosofia whiteheadiana estava sendo desenvolvida antecedeu um período de mudanças significativas na mecânica quântica, incluindo debates sobre os fundamentos e a ontologia associada às suas interpretações —especialmente na década de 1930. Portanto, é muito improvável que Whitehead tenha mencionado em seus escritos os desenvolvimentos mais "recentes" na mecânica quântica, relativos à sua contemporaneidade.

---

[8] Compare, por exemplo, com os ensaios presentes nos volumes de de Barros e Montemayor (2019) e Gao (2022).

Levando isso em consideração, é natural que autores como Shimony (1964) e Malin (1988) proponham algumas modificações nos conceitos da metafísica de Whitehead para acomodar a interpretação da mecânica quântica.

Talvez a primeira proposta documentada de usar a filosofia de Whitehead para elucidar o debate em torno das interpretações de uma teoria quântica relativamente mais estabelecida tenha sido a de Burgers (1963, 1965), seguida principalmente por Epperson (2004), Ferrari (2021), Malin (1988, 1993, 2001), Shimony (1963, 1964) e Stapp (1979, 1982). Vale ressaltar que todos os autores mencionados usam os mesmos conceitos para estabelecer um paralelo entre a mecânica quântica e a metafísica de Whitehead (1928):

1) Em relação à mecânica quântica, destaco o conceito de "potência" (no original escrito como "*potentia*") contido nos escritos tardios de Heisenberg ([1958] 1995), que interpreta o conceito de "estado quântico" como uma tendência, algo entre a ideia do fenômeno (ou evento) e sua atualidade. Conforme Heisenberg ([1958] 1995) explica, a noção de *potentia* é:

> [...] uma versão quantitativa do velho conceito de potência da filosofia aristotélica, que introduziu algo entre a ideia de evento e o evento real, um tipo estranho de realidade física a mediar entre possibilidade e realidade. (Heisenberg, [1958] 1995, p. 32).

Isto é, trata-se de uma reinterpretação do conceito aristotélico de *dynamis*. Shimony e Malin (2006, p. 263), no entanto, garantem que tal proposta heisenbergiana é original, já que nenhuma outra metafísica até então teria proposto essa modalidade para a realidade. Na concepção de Heisenberg ([1958] 1995, p. 134), até mesmo potencialidades contrárias poderiam coexistir, como no caso da superposição —e essa modificação conceitual traria maior inteligibilidade à empreitada da mecânica quântica:[9]

---

[9] Esse é, inclusive, o ponto de partida da abordagem *logos*, mencionada no capítulo 4 (ver de Ronde, 2019b).

Capítulo 5. Novos horizontes

[...] se considerarmos a palavra "estado" como descrevendo descrevendo mais apropriadamente uma "potencialidade" do que uma "realidade" (poderíamos mesmo, sem mais nem menos, substituir "estado" por "potencialidade") torna-se bastante plausível o conceito de "potencialidades coexistentes", pois uma potencialidade pode superpor-se a outras potencialidades; em outras palavras, potencialidades distintas podem ter algo em comum. Heisenberg ([1958] 1995, p. 134).

Como apontam Shimony e Malin (2006, p. 264), o próprio conceito de "superposição" seria "derivado da inovação metafísica fundamental da potencialidade". Em tal interpretação, uma medição consiste na atualização, por meio do colapso, de uma entre muitas possibilidades sobrepostas.

A interpretação teórica de uma experiência requer, portanto, três estágios distintos: (1) traduzir a situação experimental inicial em uma função de probabilidade; (2) seguir a evolução temporal dessa função; (3) escolher uma nova medida a ser feita no sistema físico considerado, cujo resultado poderá então ser calculado da função de probabilidade. [...] E é somente no terceiro estágios que mudamos novamente, passando do "possível" ao "real". (Heisenberg, [1958] 1995, p. 36–37).

Nessa interpretação, uma medição consiste, através do colapso, na atualização de uma (dentre diversas) possibilidades superpostas —o que torna mais plausível a afirmação metafísica de Heisenberg ([1927] 1983, p. 73) de que um evento "passa a existir somente quando a observamos", e que chamei no capítulo 1 de *"medição=criação"*. No contexto whiteheadiano, considero mais apropriada a nomenclatura "medição=*atualização*". Malin (2003, p. 76–77) aponta que as potencialidades não seriam eventos no espaço-tempo —o que seria uma propriedade das atualidades.

Consciência e Mecânica Quântica

2) Em relação à metafísica whiteheadiana, o conceito de "entidades atuais" é central para a interpretação da mecânica quântica. Whitehead enuncia esse conceito pela primeira vez da seguinte forma:

> "Entidades atuais" —também denominadas "ocasiões atuais"— são as coisas reais finais das quais o mundo é composto. Não há como ir além das entidades atuais para encontrar algo mais real. (Whitehead, 1928, p. 18).

De acordo com Malin, o conceito de "entidades atuais" seria a base da metafísica proposta por Whitehead. Dadas a abrangência e os objetivos deste livro, é impossível resumir toda a construção filosófica de Whitehead. Sigo o esboço proposto por Malin (1993, p. 77–78);[10] que destaca oito aspectos centrais, relevantes para o debate sobre a interpretação da mecânica quântica; dos oito aspectos, seleciono apenas quatro que considero especificamente relevantes para o conceito de medição:

1. Uma entidade atual é um processo de "auto-criação" atemporal e criativa, que leva a uma aparição momentânea das entidades atuais no espaço-tempo;

2. As entidades atuais são instantâneas; após o único instante em que emergem no espaço-tempo por meio da auto-criação, elas se fundem novamente (na terminologia whiteheadiana, elas "preendem") em um domínio atemporal e fora do espaço com todas as entidades atuais (passadas e futuras), como potencialidades;

3. Cada entidade atual está relacionada e interconectada (na terminologia whiteheadiana, forma um "*nexus*") com todas as entidades atuais;

4. O fim do processo de auto-criação de uma entidade atual, ou seja, sua aparição momentânea no espaço-tempo, é a auto-criação de uma nova entidade atual ou um "pulso de experiência", de modo que o universo whiteheadiano não é um universo real de "objetos", mas um universo de "experiências".

---

[10] Veja também Shimony e Malin (2006, p. 266–267).

Capítulo 5. Novos horizontes

Como aponta Stapp (2007, p. 92), o paralelo entre a metafísica de Whitehead (1928, p. 72), na qual "as entidades atuais [...] tornam real o que era anteriormente apenas potencial" e Heisenberg, na qual "[...] a transição do 'possível' para o 'real' ocorre durante o ato de observação" é muito sugestivo. Para Shimony, tal paralelo pode ser visualizado da seguinte maneira:

> Considere, por simplicidade, duas partículas emaranhadas. Se são consideradas, juntas, como uma única entidade atual, sua dependência mútua é natural: ambas surgem de um único campo de potencialidade. Quando uma medição ocorre em qualquer partícula, ela quebra a conexão, criando um relacionamento entre duas entidades atuais [...]. (Shimony e Malin, 2006, p. 274).

Para Malin (2003, p. 81), o ganho dessa interpretação é oferecer um novo horizonte de respostas para a seguinte pergunta —ainda não respondida— no debate sobre a interpretação da medição quântica: *qual é o mecanismo do colapso?*. Na metafísica whiteheadiana, o universo não seria um universo de objetos (ou campos), mas um universo de experiências ou processos, de modo que se o axioma do colapso for interpretado como o processo de auto-criação de uma entidade atual, tal processo não poderia ser um mecanismo que exclui a possibilidade de criatividade. Nessa leitura, o conceito de "mecanismo" parece não ter lugar. Esse é o ponto central que desejo enfatizar nesta leitura específica da consciência e seu papel na medição quântica: se não há necessidade de um mecanismo, também não há necessidade de procurar a causa externa do colapso. A consciência, como uma ocasião de experiência, pode auto-criar atualidades. Em relação à interpretação da consciência causal, Malin (2001, p. 260–261) rejeita a interpretação de que a consciência desempenha um papel causal no colapso.

Com a discussão conceitual anterior em mente, vou tentar elaborar um exemplo de como a versão whiteheadiana da interpretação da consciência causal funciona. Vamos retomar o exemplo do gato de Schrödinger. Na Nele, ambos os termos descritos por uma descrição quântica —uma superposição, lembre-se, entre os estados *jejum* e *alimentado*— são potencialidades fora do espaço e do tempo. Eles estão no domínio aristotélico da *potentia*, e as descrições da mecânica quântica capturam a evolução de tais potencialidades superpostas.

Se esses termos forem *suficientemente complexos*[11] para serem compreendidos como potencialidades representando estados macroscopicamente distinguíveis, então *um pulso de experiência* (ver Nobo, 2003) pode diferenciá-los[12], e, assim, uma entidade atual (ou *evento* atual) pode ser concebida —e as probabilidades oferecidas pelas leis da mecânica quântica as ponderam. Essa atualização de entidades potenciais em entidades reais é o colapso, que é um evento fora do espaço-tempo. No geral essa é minha tentativa de avançar um pouco mais a ideia de Abner Shimony, segundo a qual:

> [...] a mecânica quântica aponta para a necessidade de mudanças profundas em nossa compreensão da estrutura espaço-temporal. Não se vislumbra algo tão simples como apenas discretizar a estrutura espaço-temporal aqui. Para Abner [Shimony], a indagação sempre orbitou em torno da questão whiteheadiana ou aristotélica da atualização de potencialidades. (Howard, 2009, p. 8).

Observe que há um elemento de vagueza nessa proposta, semelhante à proposta everettiana quando consideramos a "fronteira" dessa transição de potencialidade para atualidade —como vimos na página 171 deste livro, na citação de Dürr e Lazarovici (2020, p. 118), "[...] um momento exato em que "plim" e o mundo de repente se multiplica".

O processo de colapso (enquanto a criação de entidades atuais) é, então, semelhante ao processo de ramificação na solução everettiana para o problema da medição. O aumento gradual da complexidade é análogo à separação gradual de estados na mecânica quântica everettiana. Mas também há uma analogia com o modelo de colapso espontâneo GRW, *viz.*, a "fator de

---

[11] Assim como o grau de complexidade em que um colapso espontâneo *a lá* GRW ocorre, ou em que os mundos decoerentes de Everett se tornam distinguíveis. Mais sobre isso a seguir.

[12] Não necessariamente uma experiência *humana*; mais sobre isso abaixo.

Capítulo 5. Novos horizontes

colapso", que aumenta com a quantidade/complexidade dos elementos no escopo do sistema quântico. Isso explicaria por que encontramos estados colapsados quando o sistema total interage com o ambiente —*e.g.*, um aparelho de medição, contendo um grande número de componentes quânticos, portanto, um sistema muito complexo—, e por que encontramos padrões de interferência em sistemas mais simples (*viz.*, contendo poucos componentes quânticos), como partículas individuais em um experimento de fenda dupla.

Como seria de esperar, a versão whiteheadiana da interpretação da consciência causal —assim como o modelo GRW— também sustenta que a *experiência* emerge em sistemas complexos/decoerentes. Estudos futuros no campo da neurociência podem esclarecer os graus de experiência, especificamente a "Teoria da Informação Integrada" da consciência (abreviada como "TII" Tononi, 2004; Tononi, Boly, Massimini e Koch, 2016; Tononi e Koch, 2015) —assim como é aplicada em outras versões contemporâneas da interpretação da consciência causal, *e.g.* Chalmers e McQueen (2022)— já que a TII fornece um modelo explicativo capaz de explicar como a consciência emerge de objetos aparentemente "inconscientes":

> A TII não foi desenvolvida com o pampsiquismo em mente (*sic*). No entanto, alinhada com as intuições centrais do pampsiquismo, a TII trata a consciência como uma propriedade intrínseca e fundamental da realidade. A TII também sugere que a consciência é graduada, que é provavelmente difundida entre os animais e que pode ser encontrada em pequenas quantidades até mesmo em certos sistemas simples. Ao contrário do pampsiquismo, no entanto, a TII claramente implica que nem tudo é consciente. (Tononi e Koch, 2015, p. 11).

Em particular, a mencionada complexidade crescente que possibilita a experiência não requer a experiência humana para possibilitar a criação de uma entidade atual. Isso pode suscitar a questão de saber se a presente interpretação whiteheadiana implica ou não no pampsiquismo, assim como a própria metafísica de Whitehead o faz (ver Skrbina, 2017).[13] Da forma como proponho, a versão whiteheadiana da interpretação da consciência causal não *exige* o pampsiquismo (embora certamente seja *compatível* com ele.[14]

Se for mantido que a *experiência* é o processo gradual de potencialidades não espaço-temporais para atualidades espaço-temporais (novamente, não tente pensar nisso como um limiar; do contrário, vamos nos deparar com os velhos problemas), então não precisamos pensar na versão whiteheadiana da interpretação da consciência causal significando consciência *fenomenal* (ou seja, experiência interna/*qualia*/subjetividade, o tipo de consciência que diz "como-é-ser-um-elétron"), mas a consciência de *acesso* serviria (*i.e.*, a capacidade de interação com outros estados). E aqui me alinho com de Barros e Montemayor (2022); assim, *panexperimentalismo* seria uma denominação mais apropriada para minha interpretação. Ao fazer isso, naturalmente, discordo de Chalmers e McQueen (2022, p. 12), para quem "[p]or consciência, entende-se consciência fenomenal, ou experiência subjetiva."

É importante destacar que o estudo da noção de consciência tem sido permeado por polaridades, legando à discussão contemporânea o mesmo escopo de opções teóricas dado séculos atrás: seja uma forma de monismo reducionista (das quais as teses do materialismo e do epifenomenalismo eliminativista são apopulares) ou dualismo.[15] Para Shimony, uma metafísica inspirada em Whitehead pode oferecer uma abordagem frutífera para o tradicional problema mente-corpo:

> Não há nada que sabemos melhor do que isso, que temos experiências conscientes. Não há nada que sabemos muito melhor do que a matéria de que o mundo é feito é inanimada. [...] Coloque os juntos; você não tem uma solução, você tem um quebra-cabeça, um quebra-cabeça terrível. [...] Eu sou muito simpá-

---

[13] Para conexões entre a TII e a metafísica pampsiquista, ver Mørch (2019, 2023).

[14] Assim como a versão usual da interpretação da consciência causal, ver Chalmers e McQueen (2022) e Okon e Sebastián (2022).

[15] De maneira muito geral, essas são as duas posições que mencionei: ou a mente e o corpo/cérebro são duas coisas diferentes (dualismo), ou ambas são a mesma e única coisa (monismo) —aqui estão, em particular, as abordagens segundo as quais a mente não existe, e só o que existe é o cérebro.

CAPÍTULO 5. NOVOS HORIZONTES

tico com Whitehead porque ele dá uma resposta a isso postulando um universo primitivo que não é totalmente inanimado; ele chama sua filosofia de "filosofia do organismo". Isso é tão promissor quanto qualquer coisa que eu conheço para uma solução para o problema mente-corpo, mas é terrível como deixa de fora os detalhes. (Shimony e Smolin, 2009, p. 451–452).

Em resumo, Whitehead (1928) resolve o problema mente-corpo ao propor uma teoria holística da realidade que reconhece a interdependência entre os aspectos físicos e mentais da experiência.

Ao rejeitar a noção dualista de que o mental e o físico são *substâncias distintas*, argumenta-se que ambos os polos mental–físico fazem parte de um continuum de experiência que abrange todos os aspectos da realidade. De acordo com essa visão, as unidades fundamentais da realidade não são partículas materiais substanciais, mas processos ou *ocasiões de experiência* que incluem aspectos físicos e mentais. Essas ocasiões de experiência interagem constantemente entre si, formando uma teia em constante evolução de experiências interconectadas. No geral, a teoria de realidade de Whitehead oferece uma visão integrada da mente e do corpo, evitando o dualismo que assombrou a filosofia por séculos. No entanto, devo abordar os "detalhes" aos quais Shimony se refere na passagem acima —que também são mencionados por Malin na forma de problemas ainda em aberto dentro da metafísica whiteheadiana:

A filosofia de processos de Whitehead fornece uma base metafísica para a compreensão da realidade. No entanto, questões essenciais são deixadas sem resposta: A realidade consiste em níveis, alguns dos quais são "superiores" a outros em um sentido profundo? Os seres humanos têm um lugar e um papel a desempenhar no esquema cosmológico? [...] surpreendentemente, o misterioso "colapso dos estados quânticos" continua sendo uma rica fonte de sugestões. O colapso, o processo de transição do potencial para o real, envolve uma seleção: Exis-

CONSCIÊNCIA E MECÂNICA QUÂNTICA

tem muitas possibilidades, das quais apenas uma é atualizada. Como é feita a seleção? (Malin, 2001, p. 189).

A proposta apresentada por Malin (2003, p. 93) seria seguir a máxima, atribuída a Paul Dirac, de que "A Natureza faz a escolha", ou seja, que "Natureza" causa o colapso.[16] Embora a definição dessa "Natureza" não seja especificada com letra maiúscula, em sua leitura, isso corresponde à atualização de potencialidades, ou até mesmo, a sua auto-criação, com aleatoriedade intrínseca —daí a indeterminação quântica. Essa é, resumidamente, a proposta de Malin (2001). Ela nada diz sobre a interpretação da consciência causal, então não faz sentido alinhar-me com ela nesse ponto da discussão. Ela pode —e irá!— oferecer boas ferramentas para que eu desenvolva minha própria proposta. Dito isso, antes de fazê-lo, passemos à próxima candidata.

Outra tentativa de interpretar a mecânica quântica, em específico, o papel causal da consciência na medição quântica, é feita por Henry Stapp. Sua proposta vai no caminho inverso daquele proposto pela interpretação da consciência causal, que procurou utilizar a consciência para compreender a mecânica quântica; Stapp (2007) procura utilizar a mecânica quântica para compreender a consciência —caminho esse que também é traçado por Penrose (1994). No entanto, como observa Landau (1998, p. 172), "Penrose aceita que a mente consciente surge como um funcionamento do cérebro físico [...]", tese que não é endossada por Stapp (2006), que propõe uma metafísica que chama de "dualismo interativo". Como aponta Mohrhoff (2002):

> A teoria que ele [Stapp[17]] acaba formulando é completamente diferente da teoria que ele inicialmente professa formular, pois no começo a consciência é responsável pelas reduções de vetores de estado [colapso], enquanto no final uma nova lei física é respon-

---

[16] Para uma abordagem crítica a esse e outros aspectos da abordagem de Malin (2001), ver Arenhart (2010).

[17] É justo dizer que o próprio Stapp (2002, p. 264) afirma que "[essa] não é minha teoria final". Ainda assim, quando questionado por Malin se a teoria de Stapp considera, como consequência, que a consciência causa o colapso, Stapp responde categoricamente que não endossa tal interpretação (ver o diálogo completo em Eastman e Keeton, 2003, p. 110, ff.).

Capítulo 5. Novos horizontes

sável —uma lei que de forma alguma depende da presença da consciência. (Mohrhoff, 2002, p. 250).

No entanto, também há indícios de que a ontologia whiteheadiana foi interpretada a partir de uma metafísica dualista. Conforme a leitura apontada por Lovejoy (1960, p. 169), Whitehead seria "um adversário do dualismo com o qual estamos preocupados aqui, mas apenas um dualista com uma diferença"; como aponta Shimony (1964), a leitura dualista, se legítima, seria fundamentalmente contrária à própria proposta whiteheadiana que, como enfatiza Weekes (2009), é essencialmente monista.

Entendendo a pluralidade de leituras (dualistas e monistas) da metafísica whiteheadiana, procurei utilizar a chave de leitura monista, oferecida por Weekes (2012), Griffin (2009) e Nobo (2003) para compreender o conceito de consciência no que se relaciona com a noção de "colapso" na interpretação do conceito de medição em mecânica quântica. Como aponta Griffin (2009), a concepção whiteheadiana de consciência difere radicalmente da posição cartesiana (dualista) e materialista (reducionista) —que são as leituras predominantes para o conceito de consciência na filosofia da física— ainda que mantenha alguns aspectos dessas concepções metafísicas:

> Com os dualistas, Whitehead concorda que a consciência pertence a uma entidade —uma mente ou psique— que é distinta do cérebro, e que a liberdade genuína pode, em parte por essa razão, ser atribuída à experiência consciente. Com os materialistas, Whitehead compartilha uma sensibilidade naturalista, evitando assim qualquer solução implícita sobrenaturalista para problemas filosóficos, e, em parte por essa razão, rejeita qualquer dualismo entre dois tipos de realidades. Como materialistas, em outras palavras, ele afirma um monismo pluralista. Assim, ele considera a consciência como uma função de algo mais fundamental. (Griffin, 2009, p. 175).

Nobo (2003, p. 225) também enfatiza que a noção de consciência, na metafísica whiteheadiana, não se reduz à experiência humana ou à subjetividade

—o que acaba por evitar a dificuldade antropomorfista das leituras utilizadas até então para o conceito na filosofia da física, e parece oferecer, também, uma chave de leitura para evitar a dificuldade do solipsismo que pode emergir de uma leitura subjetivista do conceito de consciência na metafísica whiteheadiana.

Além disso, como observa Katzko (2009, p. 206–208), o debate contemporâneo na filosofia da mente, especificamente para a leitura da noção de consciência, está, em sua parte mais expressiva, circunscrito em metafísicas materialistas ou dualistas. A título de amostragem: existem os proponentes de uma metafísica fisicalista que, assim como Stapp (1982), consideram a causação mental sobre o físico mas, ao mesmo tempo, consideram a estrutura cerebral como definitivamente importante para a ocorrência do aspecto mental; Dennett (1991), ainda mais radical, defende a tese do "funcionalismo" de que a mente é um produto do arranjo cerebral, não podendo ter ação causal sobre o cérebro, situando-se entre os materialistas ou epifenomenalistas; Chalmers (1996) considera ambos os polos, material e mental, igualmente importantes, o que o aproxima dos dualistas através daquilo que chama de "dualismo interativo"; em todos os casos, um dos questionamentos centrais seria de causação, isto é: *como o aspecto físico da realidade poderia dar origem ao aspecto mental?*

Como afirma Weekes (2012), a metafísica whiteheadiana sugere uma metafísica monista, o que também acaba por desfazer a dificuldade do dualismo no caso de utilizá-la para interpretar a noção de consciência na mecânica quântica.

Neste capítulo, argumentei que a interpretação da consciência causal pode se beneficiar de uma metafísica baseada em processos inspirada em Whitehead. A metodologia para tal tarefa é a Abordagem *Toolbox* para a metafísica, ou seja, utilizar os dispositivos desenvolvidos pela metafísica analítica a fim de interpretar a empreitada científica.

Tradicionalmente, tal interpretação está vinculada ao dualismo de substâncias e ao problema mente-corpo. A metafísica de mente baseada em processos não sofre do mesmo destino, o que poderia ser uma vantagem para

Capítulo 5. Novos horizontes

a interpretação da consciência causal, se compreendida dentro do proposto quadro metafísico baseado em processos.

Desenvolver ainda mais esse arcabouço metafísico é uma tarefa deixada para futuras pesquisas no campo da metafísica da ciência. Ainda assim, acredito que essa proposta seja um importante primeiro passo em direção ao objetivo de compreender melhor nossas opções metafísicas na interpretação da mecânica quântica. Encerro este capítulo com a esperança de que tal proposta possa vir a incentivar novas pesquisas na filosofia da mecânica quântica. Até mesmo —e aqui está uma ideia para o seu projeto de doutorado!— para testar se tal proposta acaba mostrando-se infrutífera.

CONSCIÊNCIA E MECÂNICA QUÂNTICA

Capítulo 6

Questões de formalismo

O s objetos quânticos não podem ser visualizados diretamente, da mesma maneira como este livro diante de nossos olhos. São de tal magnitude que não podem sequer ser visualizados em microscópio. Por isso, o formalismo é de extrema importância para as discussões sobre mecânica quântica: é somente por meio do formalismo que os objetos quânticos são tratados. O termo 'formalismo', adverte Krause (2016, p. 27), conforme empregado na literatura da física, designa a formulação matemática da mecânica quântica "[...] e não se relaciona, a princípio, com sistemas formais que são tratados em lógica e em fundamentos da matemática". Como pontuam Susskind e Friedman (2014, p. 2), já que não somos biologicamente aptos a perceber os objetos da mecânica quântica com nossos órgãos sensoriais, "o melhor que podemos fazer é tentar entender os elétrons e seus movimentos como abstrações matemáticas".

Nesse preciso sentido, Paty (1995, p. 137) considera que a mecânica quântica, "[...] uma vez estabelecida, propõe-se, antes de qualquer interpretação, como um formalismo". Em tal formalismo, como observa Paty, os estados quânticos:

> [...] são representados numa formulação teórica, em termos de operadores que se aplicam a vetores de estado e, para realizá-

lo, recorremos a entidades matemáticas apropriadas. As propriedades dos objetos ou conceitos físicos assim designados são, consequentemente, determinados, de um lado, pela coerência lógico-matemática do esquema e da formulação [...]; e, de outro, pela transcrição das observações matemáticas em questão. (Paty, 1995, p. 237).

De modo geral, o formalismo da mecânica quântica descreve os estados de um sistema físico, considerando os aspectos que podem ser medidos, chamados de observáveis (posição, momento, spin, etc.). Aqui, o termo 'estado' é um conceito primitivo, meta-axiomático, cuja definição (chamada 'definição operacional') é dada pelos postulados. No formalismo usual da mecânica quântica, os estados são representados pela noção de 'vetor'. Uma função de onda, frequentemente notada pelo caractere grego ψ, onde $\psi(a, b, c \ldots)$ são os coeficientes que se movimentam —se expandem— em um espaço vetorial complexo n-dimensional, nomeado por von Neumann ([1932] 1955) de "Espaço de Hilbert", notado pelo caractere $\mathcal{H}$, onde $\mathcal{H} \in \mathbb{C}^n$, por sua vez, é caracterizado por um conjunto de vetores chamado "base" do espaço. Para Jammer (1974, p. 2), "a ideia de von Neumann de formular a mecânica quântica como um cálculo de operador no espaço de Hilbert foi, sem dúvida, uma das grandes inovações da física matemática moderna".

O formalismo, quando tomado isoladamente, sugere que a mecânica quântica trata exclusivamente do resultado de medições, mantendo-se silencioso em relação a noções tais como 'realidade física' e, como tal, não favorece nem rejeita uma ou outra interpretação particular. Ainda assim, para que se possa tratar do formalismo, parece necessário assumir uma "interpretação mínima", que considera o caráter probabilístico da teoria quântica. Hughes considera que tal atitude é uma premissa necessária para que a teoria quântica possa ser uma teoria física:

Ao desenvolver nossa representação geral de uma teoria física, partimos de uma suposição, de que o mundo é tal que, em cer-

Capítulo 6. Questões de formalismo

tas circunstâncias especificáveis, vários eventos podem receber probabilidades definidas, eu considero essa suposição mínima, se quisermos ter alguma teoria física: assumimos que existem ligações, embora apenas probabilísticas, entre um conjunto de ocorrências (as circunstâncias iniciais) e outro (os eventos resultantes). (Hughes, 1989, p. 85).

Busch, Lahti e Mittelstaedt (1996) vão além, e caracterizam a "interpretação mínima" no sentido probabilístico:

> Na interpretação mínima, a mecânica quântica é considerada uma teoria física probabilística, consistindo de uma linguagem (proposições sobre resultados de medições), uma estrutura de probabilidade (um conjunto convexo de medidas de probabilidade representando as possíveis distribuições de resultados de medição) e leis probabilísticas. Além disso, as probabilidades são interpretadas como limites das frequências relativas dos resultados das medições, ou seja, no sentido de uma interpretação estatística epistêmica. (Busch, Lahti e Mittelstaedt, 1996, p. 4).

Ademais, Busch, Lahti e Mittelstaedt (1996, p. 8) constatam que "essa interpretação mínima está contida em qualquer interpretação mais detalhada da mecânica quântica". Redhead (1987, p. 44) nomeia essa atitude de "interpretação instrumentalista mínima":

> [...] como o formalismo está relacionado aos possíveis resultados da medição e às frequências estatísticas com as quais esses resultados aparecem quando uma medição é repetida várias vezes (em princípio, um número infinito de vezes) em sistemas preparados em estados quânticos idênticos. (Redhead, 1987, p. 44).

Aquilo que esses autores chamam de 'interpretação mínima' se relaciona com a chamada 'interpretação estatística' de Max Born[1] que, de acordo com

---

[1] Que não deve ser confundida com a 'interpretação dos *ensembles* estatísticos' idealizada por Einstein —ver Home e Whitaker (1992). A interpretação estatística (também conhecida como interpretação dos *ensembles*) é tratada no capítulo 4.

Griffiths (1995), a teoria quântica fornece, dado um determinado estado, o valor de um observável no intervalo x e $x + dx$, em um tempo t. De acordo com Griffiths, essa particularidade da descrição quântica introduz a noção de "indeterminismo" na mecânica quântica, pois:

> [...] se você sabe tudo o que a teoria tem a lhe dizer sobre a partícula (a saber: sua função de onda), você não pode prever com certeza o resultado de um experimento simples para medir sua posição —tudo que a mecânica quântica tem a oferecer é uma informação estatística sobre resultados possíveis. (Griffiths, 1995, p. 2–3).

As questões relativas à realidade transfenomenal dos objetos quânticos são questões que dependem estritamente da interpretação adotada, motivo pelo qual postergo tal discussão para as próximas seções. Ainda que, como afirma Redhead (1987, p. 45) teorias sem interpretação "[...] simplesmente não contribuem para a nossa compreensão do mundo natural", e Jammer (1974, p. 343) "[...] um formalismo, ainda que completo e logicamente consistente, ainda não é uma teoria física", reitero: ater-me-ei, nesta seção, somente àquilo que denomino "interpretação mínima".

6.1   A interpretação mínima

Cada base pode ser escolhida em função de um observável que se quer medir sobre o sistema em um dado estado, a partir do qual é posível designar infinitos vetores, de modo que, por exemplo, para um observável de posição, $|\psi\rangle$ denota um coeficiente do vetor de estado na base da posição da seguinte maneira:

$$|\psi\rangle = \langle x_1|\psi\rangle|x_1\rangle + \langle x_1|\psi\rangle|x_1\rangle + \cdots + \langle x_n|\psi\rangle|x_n\rangle \qquad (6.1)$$

Ou seja, $\langle x_j|\psi\rangle$ denota o j-ésimo coeficiente do vetor de estado $|\psi\rangle$ na base da posição. Em termos de uma densidade de probabilidade denotada

CAPÍTULO 6. QUESTÕES DE FORMALISMO

por ρ_m, a probabilidade de que uma medição efetuada sobre um observável A no tempo t tenha como resultado o valor a_m é igual a (utilizarei a notação de Paul Dirac dos 'bra-kets' para expressar o vetor de estado ψ, de modo que '$\langle \psi |$' seja um bra e '$| \psi \rangle$' seja um ket):

$$\rho_m(t) = |\langle a_m | \psi(t) \rangle|^2 \tag{6.2}$$

Uma medição do observável A no tempo t representa o valor esperado (que envolve o conceito estatístico de 'esperança matemática') $\langle A \rangle(t)$, dado pela soma das densidades de probabilidade ρ_m para o resultado a_m no tempo t, que por sua vez é equivalente ao produto interno das funções de onda possíveis, de modo que:

$$\langle A \rangle(t) = \sum_m \rho_m(t) a_m \tag{6.3}$$

Ou mais especificamente, conforme a regra de Born, a probabilidade de se encontrar o valor da medida de um observável físico A em um sistema quântico descrito por $\psi(x, t)$ em um dado intervalo $[a, b]$ de uma reta em $\mathbb{R}$ é

$$Prob_{[a,b]}^{\psi(x,t)}(A) = \int_a^b |\psi(x, t)|^2 dx \tag{6.4}$$

Como pontua Krause (2016, p. 32), isso significa que quando o observável a ser medido tem dimensão unitária, isto é, normalizada, a probabilidade de encontrar o sistema representado pela função de onda $\psi(x, t)$ no intervalo $[a, b]$ é dada pela expressão acima (a regra de Born). O valor $|\psi(x, t)|^2$ é denotado pela densidade de probabilidade $\rho(x, t)$. Reiterando: a mecânica quântica é uma teoria probabilística no sentido de que fornece apenas probabilidades para os estados dos sistemas quânticos. Como recorda Krause (2016, p. 5–6), somente os estados que obedeçam a uma condição de normalização são relevantes para a problemática em questão, visto que, ao representarem probabilidades, os escalares x_i devem ter soma igual à unidade, tal que:

$$\sum_{i=1}^{n} |x_i|^2 = 1 \tag{6.5}$$

As probabilidades na teoria quântica são dadas na forma de expressões como $|x|^2$ e, por isso, é importante que os coeficientes sejam normalizados, para que as expressões relativas às probabilidades possam assumir valores entre zero e um (Hughes, 1989, p. 28).

O valor esperado é tudo o que se pode conhecer sobre um sistema quântico. Como os estados que interessam à problemática da medição quântica devem ser normalizados, é necessária a utilização da noção de "norma", uma aplicação que associa um escalar a cada vetor, de modo que o vetor é unitário se $\|\psi\| = 1$; em específico, para tratar do problema da medição, interessam as normas advindas do produto interno $\langle \psi | \psi \rangle$, em que:

$$\|\psi\| = \sqrt{\langle \psi | \psi \rangle} \tag{6.6}$$

O quadrado da norma dessa função de onda fornecerá uma densidade de probabilidade de encontrar um sistema quântico em certa situação (como uma posição definida para uma partícula, por exemplo). O termo "partícula" deve ser tomado com cautela, uma vez que não há visibilidade ou analogia possível com qualquer objeto macroscópico. É relevante ressaltar que, como um instrumento heurístico, as partículas em mecânica quântica são tomadas como pontos sem extensão.

Sintetizando o que foi dito até então, pode-se afirmar que, no formalismo usual da mecânica quântica, são particularmente importantes as equações do tipo:

$$T\xi = \lambda\xi \tag{6.7}$$

T representa um observável de um sistema, cujo estado é representado por ξ, sendo λ o valor possível para a medida desse observável.

CAPÍTULO 6. QUESTÕES DE FORMALISMO

6.1.1 A Equação de Schrödinger

Tendo esclarecido tais pontos, passo à discussão acerca da evolução temporal dos estados dos observáveis. Muito embora a Equação de Schrödinger não seja a única equação de movimento da teoria quântica (embora seja a mais utilizada), de fato, o formalismo da teoria quântica é sempre determinista. É notável que, embora a teoria quântica seja essencialmente probabilista, as leis dinâmicas que descrevem a evolução (ou movimento) temporal dos estados são deterministas.

A Equação de Schrödinger, especificamente, é determinista no sentido de que sua solução no tempo $t = 0$ determina a solução para todos os outros valores de t (positivos ou negativos, isto é, é uma equação cujo valor temporal é reversível). Assim, o valor da medição em um observável A em um tempo t, ainda que não forneça valores determinados para o estado quântico $|\psi\rangle$, fornece elementos para a distribuição estatística de resultados para medições futuras.

As leis dinâmicas da mecânica quântica são frequentemente expressas sob a Equação de Schrödinger, cuja notação é a seguinte:

$$i\hbar\frac{\partial|\psi\rangle}{\partial t} = H|\psi\rangle \tag{6.8}$$

Trata-se de uma equação linear, pois envolve derivadas primeiras somente, isto é, não envolve derivações de enésima potência; na medida em que suas variáveis são funções, é uma equação diferencial. A constante $i\hbar$ trata-se de um coeficiente complexo explícito pelo número i, multiplicada pela constante de Planck $\hbar = h/2\pi$, representando a constante do movimento de circunferência em $\mathscr{H}$. A taxa de variação, representada pelo '∂', indica uma derivada parcial cuja operação $\partial/\partial t$ incide em $|\psi\rangle$ para determinar a evolução temporal, fornecendo o estado da função de onda $|\psi\rangle$, isto é, suas coordenadas no tempo, de modo que tal variação é igual ao cálculo do operador de energia H, chamado 'Hamiltoniano', multiplicado à função de onda. É relevante constatar que a Equação de Schrödinger, conforme enunciada acima, é de fácil resolução para apenas uma partícula (como na simplificação do átomo de hidrogênio), mas, em realidade, ela funciona para qualquer número arbitrário de partículas.[2] Em H está previsto o potencial, que substitui a influência do núcleo como uma ferramenta heurística que possibilita o cálculo do movimento do elétron desprezando suas relações com uma segunda partícula, *i.e.*: o núcleo.

A solução da Equação de Schrödinger pode admitir dois ou mais estados $|\psi\rangle$ possíveis, cuja soma é também um estado possível. Tal é o 'princípio de superposição', que de acordo com Pessoa Jr. (2019a, p. 23) pode ser enunciado da seguinte maneira: "dados dois estados admissíveis de um sistema quântico, então a soma desses dois estados também é um estado admissível do sistema", o que pode ser descrito da seguinte maneira:

$$|\psi_{AB}\rangle = |\psi_A\rangle + |\psi_B\rangle \qquad (6.9)$$

Para que os vetores sejam unitários, utiliza-se o fator $1/\sqrt{2}$, chamado fator de normalização. Quando uma superposição envolve certos vetores que podem assumir valores complexos $\mathbb{C}^n$, introduz-se o número imaginário i, tal que $i \equiv \sqrt{-1}$. Assim,

$$|\psi_{AB}\rangle = \frac{1}{\sqrt{2}}|\psi_A\rangle + \frac{i}{\sqrt{2}}|\psi_B\rangle \qquad (6.10)$$

Os estados acima são ditos estados puros, em que $|\psi\rangle$ descreve toda a informação que pode ser obtida sobre o estado de uma única partícula. Não é necessário que os vetores dos estados em superposição sejam ortogonais, isto é, vetores $|\psi_A\rangle$ e $|\psi_B\rangle$ cujo produto interno $\langle\psi_A|\psi_B\rangle = 0$; ainda assim, a ortogonalidade é utilizada em raciocínios de situações limite, sendo uma característica importante para a discussão acerca do gato de Schrödinger. Assim, supomos que os estados tratados aqui sejam ortogonais, expressos como $|\psi_A\rangle|\psi_B\rangle^\perp$. Quando os estados são ortogonais e normalizados, tais

---

[2] Como advertem Susskind e Friedman (2014, p. 134), não tem conexão direta com o comportamento ondulatório, sendo apenas um nome atribuído por convenção. No entanto, apesar da nomenclatura corpuscular *i.e.*, "partícula" ser frequentemente utilizada, o próprio Schrödinger advogou —tardiamente— uma interpretação ondulatória, inclusive para o uso da função de onda.

CAPÍTULO 6. QUESTÕES DE FORMALISMO

estados são chamados de ortonormais. Uma característica importante da ortogonalidade é a exclusividade de seus estados: dois estados são ortogonais em relação um ao outro se não possuem o mesmo valor.

Ambos os estados 1 e 2 podem ser descritos separadamente como $|\psi_A\rangle$ e $|\psi_B\rangle$, ainda que sua soma dê origem a um novo estado $|\psi_{AB}\rangle$ possível. É importante salientar que, no princípio de superposição, os estados são fatoráveis, isto é, separáveis, sendo apenas o produto tensorial dos componentes da equação, de modo que:

$$|\psi_{AB}\rangle = |\psi_A\rangle \otimes |\psi_B\rangle \qquad (6.11)$$

O vetor $|\psi_{AB}\rangle$ pode ser decomposto em um produto de vetores, cada um em um espaço (possivelmente infinitos), tal que

$$\mathcal{H} = \bigotimes_n^i \mathcal{H}_n \qquad (6.12)$$

de modo que se pode dizer que os vetores agem independentemente. Vale ressaltar que é bastante comum a seguinte generalização:

$$|\psi\rangle \otimes |\phi\rangle = |\psi\rangle|\phi\rangle = |\psi\phi\rangle \qquad (6.13)$$

e que os produtos tensoriais não são comutativos, de modo que: $|\psi\phi\rangle \neq |\phi\psi\rangle$. Ressalto também que neste livro uso apenas a notação $|\psi\rangle \otimes |\phi\rangle$, valendo a diferença $|\psi\rangle \otimes |\phi\rangle \neq |\phi\rangle \otimes |\psi\rangle$.

6.1.2 O colapso

Se uma medição for efetuada sobre $|\psi_{AB}\rangle$, apenas um dos estados superpostos $|\psi_A\rangle$ ou $|\psi_B\rangle$ será obtido. Se o estado do sistema é $|\psi\rangle = \Sigma_j c_j |a_j\rangle$, e se a medida fornece o valor a_n, após a medida o sistema colapsa para o estado $|a_n\rangle$ com a probabilidade $|c_n|^2 = |\langle \psi_n | \psi \rangle|^2$. Quando isso ocorre, o vetor é projetado de maneira descontínua em um desses valores, chamados 'autovalores'. O colapso, contudo, não é determinado pela evolução temporal prevista pela Equação de Schrödinger, sendo que a tentativa de conciliar tais dois aspectos seja uma via de abordar o problema da medição, conforme explicitado acima.

Uma característica bastante importante para a presente discussão é que os produtos tensoriais são utilizados no formalismo da mecânica quântica para representar sistemas compostos, ou seja, sistemas envolvendo mais de um sistema físico.

Remontarei um exemplo dado por Redhead (1987, p. 52–54) acerca de uma 'medição ideal' e suas problematizações, conforme o esquema oferecido até aqui. Suponha que Q é um observável com um espectro discreto $\{q_i\}$. Suponha que o estado de um sistema quântico S é um autoestado $|q_i\rangle$ de Q, e que S interaja com um aparato de medição A. Suponha, ainda, que o autoestado de A seja $|r_0\rangle$ na quantidade R, e que o autoestado de A passe, em decorrência da interação, de $|r_0\rangle$ para $|r_i\rangle$, ao passo que S permaneça em $|q_i\rangle$. Assim, o sistema composto $S + A$ vai de $|q_i\rangle|r_0\rangle$ para $|q_i\rangle|r_i\rangle$ após a interação. Como observáveis do sistema composto, os operadores para Q e R devem ser designados por $Q \otimes I$ e $I \otimes R$ respectivamente, onde o primeiro produto tensorial corresponde ao sistema S e o segundo a A.

O estado inicial da situação proposta, denotando que o estado de S é uma superposição de autoestados de Q com amplitude de probabilidade c_i, é dado por:

$$|\psi\rangle = \left(\sum_i c_i|q_i\rangle\right)|r_0\rangle \tag{6.14}$$

Dada a linearidade da evolução temporal do sistema, em que se supõe que todos os r_i são distintos, tem-se que:

$$|\psi'\rangle = \sum_i c_i|q_i\rangle|r_i\rangle \tag{6.15}$$

Em termos de operadores estatísticos, antes da medição, o operador para o sistema composto é:

Capítulo 6. Questões de formalismo

$$W = P_{|\psi\rangle} = P_{(\sum_i c_1|q_1\rangle)|r_0\rangle}. \tag{6.16}$$

Após a medição é o estado puro:

$$W' = P_{\sum_i c_i|q_i\rangle|r_i\rangle} \tag{6.17}$$

O valor esperado seria:

$$W'' = \sum_i |c_i|^2 P_{|q_i\rangle|r_i\rangle} \tag{6.18}$$

Nesse caso, W'' é um estado misto que descreve um ensemble de sistemas nos estados $|q_i\rangle|r_i\rangle$, tal que a probabilidade de achar o estado $|q_i\rangle|r_i\rangle$ na mistura seja $|c_i|^2$.

É importante ressaltar que o formalismo da mecânica quântica é muito mais rico e complexo do que foi apresentado neste breve apêndice. Essa sucinta apresentação serve exclusivamente para uma compreensão mais aprofundada das questões filosóficas tratadas neste livro.

CONSCIÊNCIA E MECÂNICA QUÂNTICA

Referências Bibliográficas

Albert, D. Z. (1992), *Quantum mechanics and experience*, Cambridge: Harvard University Press.

Albert, D. Z. (1996), "Elementary Quantum Metaphysics", em *Bohmian Mechanics and Quantum Theory: An Appraisal*, ed. por Cushing, J. T., Fine, A. e Goldstein, S., Dordrecht: Springer, pp. 277–284.

Albert, D. Z. (2013), "Wave Function Realism", em *The Wave Function: Essays on the Metaphysics of Quantum Mechanics*, ed. por Ney, A. e Albert, D. Z., Oxford: Oxford University Press, pp. 52–57.

Albert, D. Z. e Barrett, J. A. (1995), "On what it takes to be a world", *Topoi*, 14, pp. 35–37.

Albert, D. Z. e Loewer, B. (1988), "Interpreting the Many Worlds Interpretation", *Synthese*, 77, pp. 195–213.

Allori, V. (2021), "Spontaneous Localization Theories with a Particle Ontology", em *Do Wave Functions Jump? Perspectives of the Work of GianCarlo Ghirardi*, ed. por Allori, V., Bassi, A., Dürr, D. e Zanghi, N., Fundamental Theories of Physics, Springer, pp. 73–94.

Andreoletti, G. e Vervoort, L. (2022), "Superdeterminism: a reappraisal", *Synthese*, 200(361).

Anscombe, G. E. M. (1959), *An Introduction to Wittgenstein's Tractatus*, Hutchinson University Library.

Arenhart, J. R. B. (2010), "A Natureza Ama Esconder-Se? Ensaio Sobre "Nature Loves to Hide"", *Manuscrito*, 33(1), pp. 381–391.

Arenhart, J. R. B. (2012), "Ontological frameworks for scientific theories", *Foundations of science*, 17(4), pp. 339–356.

Arenhart, J. R. B. (2019), "Bridging the Gap Between Science and Metaphysics, with a Little Help from Quantum Mechanics", em *Proceedings of the 3rd Filomena Workshop*, ed. por Dantas, J. D., Erickson, E. e Molick, S., Natal: Programa de Pós-Graduação em Filosofia (PPGFIL), Universidade Federal do Rio Grande do Norte (UFRN), pp. 9–33.

Arenhart, J. R. B. (2023), *Notas sobre ontologia analítica*, Série Dissertatio Filosofia, Pelotas: Núcleo de Ensino e Pesquisa em Filosofia (NEPFIL online), Editora da Universidade Federal de Pelotas (Editora UFPel), disponível em: <https://wp.ufpel.edu.br/nepfil/files/2023/07/NSOA_2023.pdf>; acesso: 8 de março de 2024.

Arenhart, J. R. B. e Arroyo, R. (2021a), "Back to the question of ontology (and metaphysics)", *Manuscrito*, 44(2), pp. 1–51.

Arenhart, J. R. B. e Arroyo, R. (2021b), "On physics, metaphysics, and metametaphysics", *Metaphilosophy*, 52(2), pp. 175–199.

Arenhart, J. R. B. e Arroyo, R. (2021c), "The Spectrum of Metametaphysics: Mapping the state of art in scientific metaphysics", *Veritas*, 66(1).

Arenhart, J. R. B. e Arroyo, R. (2023), "Em busca do conteúdo realista: teoria, interpretação, mecânica quântica", *Instante*, 5(2), pp. 100–122.

Arenhart, J. R. B. e Krause, D. (2012), "Indistinguibilidade, Não Reflexividade, Ontologia e Física Quântica", *Scientiæ Studia*, 10(1).

Arenhart, J. R. B. e Krause, D. (2016), "Contradiction, Quantum Mechanics, and the Square of Opposition", *Logique et Analyse*, 235, pp. 301–315.

Aristóteles (2002), *Metafísica, Livros I, II e III*, trad. por Angioni, L., Clássicos da Filosofia: Cadernos de Tradução, Campinas: Instituto de Filosofia e Ciências Humanas (IFCH), Universidade Estadual de Campinas (UNICAMP).

Aristóteles (2005), *Órganon*, trad. por Bini, E., São Paulo: EDI-PRO.

Armstrong, D. M. (1961), *Perception and the physical world*, London: Routledge.

Referências Bibliográficas

Arroyo, R. (2015), *O Problema Ontológico da Consciência na Mecânica Quântica*, Dissertação (Mestrado em Filosofia), Maringá: Universidade Estadual de Maringá (UEM).

Arroyo, R. (2020), *Discussions on physics, metaphysics and metametaphysics: Interpreting quantum mechanics*, Tese (Doutorado em Filosofia), Florianópolis: Universidade Federal de Santa Catarina (UFSC), disponível em: <https://tede.ufsc.br/teses/PFIL0381-T.pdf>; acesso: 8 de março de 2024.

Arroyo, R. (2023a), "Felinos inseparáveis: considerações históricas e filosóficas acerca do problema da medição em mecânica quântica", *Ética e Filosofia Política*, 1(26): *Número especial: "Lógica, Filosofia, História e Metafísica da Ciência"*, pp. 209–238.

Arroyo, R. (2023b), "Making new tools from the Toolbox of metaphysics", *Erkenntnis*, 88, pp. 2251–2257.

Arroyo, R. e Arenhart, J. R. B. (2019), "Between physics and metaphysics: A discussion of the status of mind in quantum mechanics", em *Quanta and Mind: Essays on the Connection between Quantum Mechanics and the Consciousness*, ed. por de Barros, J. A. e Montemayor, C., Synthese Library, vol. 414, Cham: Springer, pp. 31–42.

Arroyo, R. e Arenhart, J. R. B. (2020), "Realismo e metafísica na mecânica quântica", em *Problemas de metafísica analítica*, ed. por Imaguire, G. e Cid, R., Série Dissertatio Filosofia, Pelotas: Núcleo de Ensino e Pesquisa em Filosofia (NEPFIL online), Editora da Universidade Federal de Pelotas (Editora UFPel), pp. 269–309, disponível em: <https://wp.ufpel.edu.br/nepfil/files/2021/01/pm_sdf.pdf>; acesso: 8 de março de 2024.

Arroyo, R. e Arenhart, J. R. B. (2022a), "A (meta)metafísica da ciência: o caso da mecânica quântica não relativista", *Kriterion*, 63(152), pp. 275–296.

Arroyo, R. e Arenhart, J. R. B. (2022b), "Whence Deep Realism for Everettian Quantum Mechanics?", *Foundations of Physics*, 52(6).

Arroyo, R. e Arenhart, J. R. B. (2023), "The Powers of Quantum Mechanics: A Metametaphysical Discussion of the "Logos Approach'", *Foundations of Science*, 28, pp. 885–910.

Arroyo, R. e da Silva, G. O. (2022a), "Against 'Interpretation': Quantum Mechanics Beyond Syntax and Semantics", *Axiomathes*, 32, pp. 1243–1279.

Arroyo, R. e da Silva, G. O. (2022b), "Taking models seriously and being a linguistic realist", *Principia*, 26(1), pp. 73–94.

Arroyo, R. e Nunes Filho, L. d. M. (2018), "On Quantum Mechanics, Phenomenology, and Metaphysical Underdetermination", *Principia*, 22(2), pp. 321–337.

Arroyo, R., Nunes Filho, L. d. M. e Moreira dos Santos, F. (2024), "Towards a process-based approach to consciousness and collapse in quantum mechanics", *Manuscrito*, 44(1), e-2023-0047–R1.

Arroyo, R. e Sversutti, W. D. (2022), "Notas sobre o misticismo racional de Erwin Schrödinger", *Griot*, 22(1), pp. 215–226.

Aspect, A. (2002), "Bell's theorem: The naive view of an experimentalist", em *Quantum (un)speakables: From Bell to quantum information*, ed. por Bertlmann, R. e Zeilinger, A., Berlim: Springer, pp. 119–153.

Aspect, A., Clauser, J. F. e Zeilinger, A. (2022), "Press release: The Nobel Prize in Physics 2022", *Academia Real das Ciências da Suécia*, disponível em: <ht tps://www.nobelprize.org/prizes/physics/2022/press-release>; acesso: 8 de março de 2024.

Bacciagaluppi, G. (2020), "The Role of Decoherence in Quantum Mechanics", em *The Stanford Encyclopedia of Philosophy*, ed. por Zalta, E. N., Stanford: Metaphysics Research Lab, Stanford University, disponível em: <https://plato.stanford.edu/archives/fall2020/entries/qm-decoherence/>; acesso: 8 de março de 2024.

Ballentine, L. E. (1970), "The Statistical Interpretation Of Quantum Mechanics", *Reviews of Modern Physics*, 42(4), pp. 358–381.

Barrett, J. A. (1999), *The Quantum Mechanics of Minds and Worlds*, Oxford: Oxford University Press.

Barrett, J. A. (2011), "Everett's pure wave mechanics and the notion of worlds", *European Journal for Philosophy of Science*, 1(2), pp. 277–302.

REFERÊNCIAS BIBLIOGRÁFICAS

Barrett, J. A. (2019), *The Conceptual Foundations of Quantum Mechanics*, Oxford: Oxford.

Barrett, J. A. (2022), "Everett's Relative-State Formulation of Quantum Mechanics", em *The Stanford Encyclopedia of Philosophy*, ed. por Zalta, E. N. e Nodelman, U., Stanford: Metaphysics Research Lab, Stanford University, disponível em: <https://plato.stanford.edu/archives/win2022/entries/qm-everett/>; acesso: 8 de março de 2024.

Barrett, J. A. e Byrne, P. (2012), *The Everett Interpretation of Quantum Mechanics: Collected Works 1955–1980 with Commentary*, Princeton: Princeton University Press.

Bass, L. (1971), "The mind of Wigner's friend", *Hermathena*, *112*, pp. 52–68.

Becher, E. (1907), *Philosophische Voraussetzungen der exakten Naturwissenschaften*, Leipzig: von Johann Ambrosius Barth.

Becher, E. (1921), *Geisteswissenschaften und Naturwissenschaften: Untersuchung en zur Theorie und Einteilung der Realwissenschaften*, Munique: von Duncker & Humblot.

Becker, A. (2018), *What is real? The Unfinished Quest for the Meaning of Quantum Physics*, Nova Iorque: Basic Books.

Becker, L. (2004), "That von Neumann Did Not Believe in a Physical Collapse", *The British Journal for the Philosophy of Science*, *55*, pp. 121–135.

Belinfante, F. (1973), *A Survey of Hidden-Variable Theories*, Oxford: Pergamon Press.

Bell, J. S. (1964), "On the Einstein-Podolsky-Rosen Paradox", *Physics*, *1*, pp. 195–200.

Bell, J. S. (2004a), "Are there quantum jumps?", em, *Speakable and unspeakable in quantum mechanics: Collected papers on quantum philosophy*, 2ª ed., Cambridge: Cambridge University Press, pp. 201–212, (reimpr. de "Are there quantum jumps?", em *Schrödinger: Centenary Celebration of a Polymath*, ed. por Kilmister, C. W., Cambridge: Cambridge University Press, 1989, pp. 41–52).

219

Bell, J. S. (2004b), "Quantum mechanics for cosmologists", em, *Speakable and unspeakable in quantum mechanics: Collected papers on quantum philosophy*, 2ª ed., Cambridge: Cambridge University Press, pp. 117–138, (reimpr. de "Are there quantum jumps?", em *Quantum Gravity 2: A Second Oxford Symposium*, ed. por Isham, C. J., Penrose, R. e Sciama, D. W., Oxford: Clarendon Press, 1981, pp. 611–637).

Beller, M. (1996), "The conceptual and the anecdotal history of quantum mechanics", *Foundations of Physics*, 26(4), pp. 545–557.

Berto, F. e Plebani, M. (2015), *Ontology and metaontology: A contemporary guide*, Londres: Bloomsbury Publishing.

Bertotti, B. (1994), "The later work of E. Schrödinger", *Studies in History and Philosophy of Science*, 16(2), pp. 83–100.

Bevers, B. (2011), "Everett's 'Many Worlds' Proposal", *Studies in History and Philosophy of Science*, 42(1), pp. 3–12.

Birkhoff, G. e von Neumann, J. (1936), "The logic of quantum mechanics", *Annals of mathematics*, 37(4), pp. 823–843.

Bitbol, M. (2004), "The problems of other minds: a debate between Schrödinger and Carnap", *Phenomenology and the Cognitive Science*, 3(1), pp. 115–123.

Bohm, D. (1951), *Quantum Theory*, Englewood Cliffs: Prentice-Hall.

Bohm, D. (1952a), "A Suggested Interpretation of the Quantum Theory in Terms of "Hidden" Variables. I", *Physical Review*, 85(2), pp. 166–179.

Bohm, D. (1952b), "A Suggested Interpretation of the Quantum Theory in Terms of "Hidden" Variables. II", *Physical Review*, 85 (2 1952), pp. 180–193.

Bohm, D. (1980), *Wholeness and Implicate Order*, Nova Iorque: Routledge, (trad. como *A Totalidade e a Ordem Implicada*, trad. por de Campos Silva, M., São Paulo: Cultrix, 1992).

Bohm, D. (1986), "The implicate order and the super-implicate order", em *Dialogues With Scientists And Sages: The Search For Unity*, ed. por Weber, R., Nova Iorque: Routledge, pp. 23–52.

REFERÊNCIAS BIBLIOGRÁFICAS

Bohm, D. e Hiley, B. J. (2006), *The Undivided Universe: An Ontological Interpretation of Quantum Theory*, Londres: Routledge.

Bohr, N. (1938), "Quantum Physics and Human Cultures", *Nature*, *143*, pp. 268–272.

Bohr, N. (1958a), *Atomic Physics and Human Knowledge*, Nova Iorque: Wiley, (reimpr. como *The Philosophical Writings of Niels Bohr, Volume III: Essays 1958–1962 on Atomic Physics and Human Knowledge*, Woodbridge: Ox Bow Press, 1987).

Bohr, N. (1958b), "Quantum Physics and Philosophy: Causality and Complementarity", em *Philosophy in Mid-Century: A Survey*, ed. por Klibansky, R., Florença: La Nuova.

Bohr, N. (1961), *Atomic Theory and the Description of Nature*, Cambridge: Cambridge University Press, (reimpr. como *The Philosophical Writings of Niels Bohr, Volume I: Atomic Theory and the Description of Nature*, Woodbridge: Ox Bow Press, 1987).

Bohr, N. (1983a), "Can Quantum-Mechanical Description of Physical Reality Be Considered Complete?", em *Quantum Theory and Measurement*, ed. por Wheeler, J. A. e Zurek, W. H., Princeton: Princeton University Press, pp. 145–151, (reimpr. de "Can Quantum-Mechanical Description of Physical Reality be Considered Complete?", *Physical Review*, *48*(8) (1935), trad. como "A descrição da realidade física fornecida pela mecânica quântica pode ser considerada completa?", trad. por Abramo, C. W, *Cadernos de História e Filosofia da Ciência*, 2 (1981), pp. 97–106, pp. 696–702).

Bohr, N. (1983b), "The Quantum Postulate And The Recent Development Of Atomic Theory", em *Quantum Theory and Measurement*, ed. por Wheeler, J. A. e Zurek, W. H., Princeton: Princeton University Press, pp. 87–126, (reimpr. de "The Quantum Postulate and the Recent Development of Atomic Theory", *Nature*, *121* (1928), pp. 580–590).

Bokulich, A. e Bokulich, P. (2020), "Bohr's Correspondence Principle", em *The Stanford Encyclopedia of Philosophy*, ed. por Zalta, E. N., Metaphysics Research Lab, Stanford University, disponível em: <https://plato.st

anford.edu/archives/fall2020/entries/bohr-correspondence/>; acesso: 8 de março de 2024.

Breuer, T. (2001), "von Neumann, Gödel and Quantum Incompleteness", em *John von Neumann and the Foundations of Quantum Physics*, ed. por Rédei, M. e Stöltzner, M., Dordrecht: Kluwer Academic Press, pp. 75–82.

Bueno, O. (2019a), "Is There a Place for Consciousness in Quantum Mechanics?", em *Quanta and Mind: Essays on the Connection between Quantum Mechanics and the Consciousness*, ed. por de Barros, J. A. e Montemayor, C., Synthese Library, vol. 414, Cham: Springer, pp. 129–139.

Bueno, O. (2019b), "Structural realism, mathematics, and ontology", *Studies in History and Philosophy of Science*, 74, pp. 4–9.

Bunge, M. (1967), *Quantum Theory and Reality*, Nova Iorque: Springer.

Burgers, J. M. (1963), "The Measuring Process in Quantum Theory", *Reviews of Modern Physics*, 35(1), pp. 145–150.

Burgers, J. M. (1965), *Experience and Conceptual Activity: A Philosophical Essay Based Upon the Writings of A. N. Whitehead*, Cambridge: M.I.T. Press.

Busch, P., Lahti, P. J. e Mittelstaedt, P. (1996), *The quantum theory of measurement*, Amsterdã: Springer.

Camilleri, K. (2007), "Bohr, Heisenberg, and the Divergent Views of Complementarity", *Studies in History and Philosophy of Science*, 38, pp. 514–528.

Campbell, N. R. (1928), *An Account of the Principles of Measurement and Calculation*, Londres: Longmans e Green.

Cassidy, D. C. (1992), *Uncertainty: The Life and Science of Werner Heisenberg*, Nova Iorque: Freeman.

Cassidy, D. C. (1998), "Answer to Question #62. When did the indeterminacy principle become the uncertainty principle?", *American Journal of Physics*, 66(4), pp. 278–279.

Cattaneo, G., Dalla Chiara, M. L., Giuntini, R. e Paoli, F. (2009), "Quantum Logic and Nonclassical Logics", em *Handbook Of Quantum Logic And*

Quantum Structures, ed. por Engesser, K., Gabbay, D. M. e Lehmann, D., Amsterdã: Elsevier.

Chakravartty, A. (2017), "Scientific Realism", em *The Stanford Encyclopedia of Philosophy*, ed. por Zalta, E. N., Metaphysics Research Lab, Stanford University, disponível em: <https://plato.stanford.edu/archives/sum2017/entries/scientific-realism/>; acesso: 8 de março de 2024.

Chakravartty, A. (2019), "Physics, metaphysics, dispositions, and symmetries – À la French", *Studies in History and Philosophy of Science*, 74, pp. 10–15.

Chakravartty, A. e van Fraassen, B. C. (2021), "O que é realismo científico?", trad. por Arroyo, R. e Pinheiro, F. F., *Disputatio. Philosophical Research Bulletin*, 10(17), pp. 271–288, (trad. de "What is scientific realism?", *Spontaneous Generations*, 9(1) (2018)).

Chalmers, D. (1996), *The Conscious Mind: In Search Of A Theory Of Conscious Experience*, Nova Iorque: Oxford University Press.

Chalmers, D. e McQueen, K. (2022), "Consciousness and the Collapse of the Wave Function", em *Consciousness and Quantum Mechanics*, ed. por Gao, S., Oxford: Oxford University Press, pp. 11–63.

Chang, H. (2021), "Operationalism", em *The Stanford Encyclopedia of Philosophy*, ed. por Zalta, E. N., Metaphysics Research Lab, Stanford University, disponível em: <https://plato.stanford.edu/archives/fall2021/entries/operationalism/>; acesso: 8 de março de 2024.

Chen, E. K. (2022), "Bell's theorem, quantum probabilities, and superdeterminism", em *The Routledge Companion to Philosophy of Physics*, ed. por Knox, E. e Wilson, A., Nova Iorque: Routledge, pp. 184–199.

Chibeni, S. (1997), *Aspectos da Descrição Física da Realidade*, Campinas: Coleção CLE, vol. 21.

Chibeni, S. (2005), "Certezas e Incertezas Sobre as Relações de Heisenberg", *Revista Brasileira de Ensino de Física*, 27(2), pp. 181–192.

Church, A. (1956), *Introduction to mathematical logic*, Princeton: Princeton University Press.

Cohen, R. S. (1992), "Some Notes on Schrödinger and Mysticism", em *Schrö-dinger: Philosophy and the Birth of Quantum Mechanics*, ed. por Bitbol, M. e Darrigol, O., Gif-sur-Yvette: Editions Frontieres, pp. 95–100.

Cohen-Tannoudji, C., Diu, B. e Laloë, F. (2020), *Quantum Mechanics, Volume I: Basic Concepts, Tools, and Applications*, trad. por Hemley, S. R., Ostrowsky, N. e Ostrowsky, D., 2ª ed., Weinheim: Wiley.

Conger, G. P. (1946), "Eastern and Western Metaphysics", em *Philosophy—East and West*, ed. por Moore, C. A., Oxford: Oxford University Press, pp. 235–247, (reimpr. de "Eastern and Western Metaphysics", em *Philosophy—East and West*, ed. por Moore, C. A., Princeton: Princeton University Press, 1944).

Conroy, C. (2012), "The relative facts interpretation and Everett's note added in proof", *Studies in History and Philosophy of Science*, 43(12), pp. 112–120.

Cushing, J. T. (1994), *Quantum Mechanics: Historical Contingency and the Co-penhagen Hegemony*, Chicago: University of Chicago Press.

Cushing, J. T. (1996), "The Causal Quantum Theory Program", em *Bohmian Mechanics and Quantum Theory: An Appraisal*, ed. por Cushing, J. T., Fine, A. e Goldstein, S., Boston: Kluwer Academic Publishers.

d'Espagnat, B. (1983), *In Search of Reality*, Nova Iorque: Springer.

d'Espagnat, B. (1999), *Conceptual Foundations of Quantum Mechanics*, Massa-chusetts: Perseus Books.

d'Espagnat, B. (2006), *On physics and philosophy*, Princeton: Princeton University Press.

da Costa, N. C. A. (1980), *Ensaio Sobre os Fundamentos da Lógica*, São Paulo: Editora da Universidade de São Paulo (Edusp).

da Costa, N. C. A. (1993), *Lógica Indutiva e Probabilidade*, São Paulo: Editora da Universidade de São Paulo (Edusp).

da Costa, N. C. A. (2002), "Logic and Ontology", *Principia*, 6(2), pp. 279–298.

da Costa, N. C. A. (2019), "Sobre os teoremas de Bell e de Kochen–Specker", em, *Notas de Aula: Lógica e Fundamentos da Ciência*, ed. por Krause, D.,

Série NEL-Lógica, vol. 2, Florianópolis: Núcleo de Epistemologia e Lógica (NEL), Universidade Federal de Santa Catarina (UFSC), pp. 89–92, disponível em: <http://nel.ufsc.br/nel-logica02.pdf>; acesso: 8 de março de 2024.

da Costa, N. C. A. e Krause, D. (2006), "The Logic of Complementarity", em *The Age of Alternative Logics: Assessing Philosophy of Logic and Mathematics Today*, ed. por van Benthem, J., Heizmann, G. e Rebuschi, M., Amsterdã: Springer, pp. 103–120.

da Costa, N. C. A., Krause, D. e Bueno, O. (2007), "Paraconsistent Logics and Paraconsistency", em *Philosophy of Logics*, ed. por Jacquette, D., Handbook of the Philosophy of Science, Amsterdã: North-Holland/Elsevier, pp. 791–912.

da Silva, G. O. (2020), *Os empiristas vão à missa: compromissos ontológicos e frameworks linguísticos*, Tese (Doutorado em Filosofia), Campinas: Universidade Estadual de Campinas (UNICAMP), disponível em: <https://repositorio.unicamp.br/Acervo/Detalhe/1128755>; acesso: 8 de março de 2024.

Davidson, D. (1980), "The Logical Form of Action Sentences", em *Essays on Actions and Events*, ed. por Davidson, D., Oxford: Oxford University Press, pp. 105–122.

de Barros, J. A., Holik, F. e Krause, D. (2017), "Contextuality and Indistinguishability", *Entropy*, 19(9).

de Barros, J. A. e Montemayor, C. (ed.) (2019), *Quanta and Mind: Essays on the Connection between Quantum Mechanics and the Consciousness*, Synthese Library, vol. 414, Cham: Springer.

de Barros, J. A. e Montemayor, C. (2022), "Quantum Mentality: Panpsychism and Panintentionalism", em *Consciousness and Quantum Mechanics*, ed. por Gao, S., Oxford: Oxford University Press, pp. 83–98.

de Barros, J. A. e Oas, G. (2017), "Can We Falsify the Consciousness-Causes-Collapse Hypothesis in Quantum Mechanics?", *Foundations of Physics*, 47(10), pp. 1294–1308.

de Regt, H. W. (2017), *Understanding scientific understanding*, Oxford: Oxford University Press.

de Ronde, C. (2019a), "A Defense of the Paraconsistent Approach to Quantum Superpositions (Reply to Arenhart and Krause)", *Metatheoria*, 9(2), pp. 45–59.

de Ronde, C. (2019b), "Immanent Powers versus Causal Powers (Propensities, Latencies and Dispositions) in Quantum Mechanics", em *Probing the Meaning of Quantum Mechanics: Information, Contextuality, Relationalism and Entanglement*, ed. por Aerts, D., Dalla Chiara, M. L., de Ronde, C. e Krause, D., Singapura: World Scientific, pp. 121–158.

de Ronde, C. e Massri, C. (2021), "A new objective definition of quantum entanglement as potential coding of intensive and effective relations", *Synthese*, 198, pp. 6661–6688.

de Souza Cruz, F. F. (2011), "Mecânica Quântica e a cultura em dois momentos", em *Teoria quântica: estudos históricos e implicações culturais*, ed. por Freire Jr., O., Pessoa Jr., O. e Bromberg, J. L., Campina Grande/São Paulo: Editora da Universidade Estadual da Paraíba (EDUPB)/Livraria da Física, pp. 303–320, disponível em: <https://books.scielo.org/id/xwhf5>; acesso: 8 de março de 2024.

Dennett, D. (1991), *Consciousness Explained*, Nova Iorque: Back Bay Books.

Deutsch, D. (1999), "Quantum theory of probability and decisions", *Proceedings of the Royal Society of Londres. Series A: Mathematical, Physical and Engineering Sciences*, 455(1988), pp. 3129–3137.

DeWitt, B. S. (1970), "Quantum Mechanics and Reality", *Physics Today*, 23(9), pp. 30–35.

DeWitt, B. S. (1973), "The many universes interpretation of quantum mechanics", em *The Many-Worlds Interpretation of Quantum Mechanics*, ed. por DeWitt, B. S. e Graham, N., Princeton: Princeton University Press, pp. 167–218, (reimpr. de "The many universes interpretation of quantum mechanics", em *Foundations of Quantum Mechanics*, ed. por d'Espagnat, B., Nova Iorque: Academic Press, 1971).

REFERÊNCIAS BIBLIOGRÁFICAS

Dicke, R. H. e Wittke, J. P. (1960), *Introduction to Quantum Mechanics*, Addison Wesley Publishing Company.

Dodsworth, A. (2023), "A interpretação dos muitos mundos da mecânica quântica na ficção científica", *Poiésis*, 24(42).

Dunne, B. J. e Jahn, R. G. (2007), "Information and Uncertainty in Remote Perception Research", *EXPLORE*, 3(3), pp. 254–269.

Dürr, D. e Lazarovici, D. (2020), *Understanding Quantum Mechanics: The World According to Modern Quantum Foundations*, Cham: Springer.

Eastman, T. E. e Keeton, H. (ed.) (2003), *Physics and Whitehead: Quantum, Process, and Experience*, Nova Iorque: State University of New York Press.

Einstein, A. (1935), Letter to Erwin Schrödinger, June 19, 1935, em Fine (1986).

Einstein, A. (1949a), "Autobiographical Notes", em *Albert Einstein: Philosopher-Scientist*, ed. e trad. por Schilpp, P. A., Library of Living Philosophers, Nova Iorque: MJF Books, pp. 3–94.

Einstein, A. (1949b), "Remarks to the Essays Appearing in this Collective Volume", em *Albert Einstein: Philosopher-Scientist*, ed. por Schilpp, P. A., Library of Living Philosophers, Nova Iorque: MJF Books, pp. 665–688.

Einstein, A. (1950), *Out of My Later Years*, Nova Iorque: Philosophical Library.

Einstein, A. (1967), "Einstein to Schrödinger, December 22, 1950", em *Letter on Wave Mechanics: Schrödinger, Planck, Einstein, Lorentz*, ed. por Prizbram, K., trad. por Klein, M. J., New York: Philosophical Library, pp. 39–40.

Einstein, A. (1971), "Quantum Mechanics and Reality", em *The Bohr–Einstein Letters*, ed. por Born, M., Londres: MacMillan, pp. 168–173.

Einstein, A., Podolsky, B. e Rosen, N. (1983), "Can Quantum-Mechanical Description of Physical Reality Be Considered Complete?", em *Quantum Theory and Measurement*, ed. por Wheeler, J. A. e Zurek, W. H., Princeton: Princeton University Press, pp. 138–141, (reimpr. de "Can quantum-mechanical description of physical reality be considered complete?", *Physical review*, 47(10) (1935), trad. como "A descrição da realidade física fornecida pela mecânica quântica pode ser considerada completa?",

Consciência e Mecânica Quântica

trad. por Abramo, C. W, *Cadernos de História e Filosofia da Ciência*, 2 (1981), pp. 90–96).

Emery, N. (2017), "Against Radical Quantum Ontologies", *Philosophy and Phenomenological Research*, 95(3), pp. 564–591.

Epperson, M. (2004), *Quantum Mechanics and the Philosophy of Alfred North Whitehead*, Nova Iorque: Fordham University Press.

Esfeld, M. (2018), "Metaphysics of science as naturalized metaphysics", em *The Philosophy of Science: A Companion*, ed. por Barberousse, A., Bonnay, D. e Cozic, M., Oxford: Oxford University Press, pp. 142–170.

Everett, H. (1957), "'Relative state' formulation of quantum mechanics", *Reviews of modern physics*, 29(3), pp. 454–462.

Favrholdt, D. (1994), "Niels Bohr and Realism", em *Niels Bohr and Contemporary Philosophy*, ed. por Faye, J. e Folse, H. J., Boston Studies in the Philosophy of Science, vol. 153, Boston: Kluwer Academic Publishers, pp. 77–96.

Faye, J. (1991), *Niels Bohr: His Heritage and Legacy: An Anti-Realist View of Quantum Mechanics*, Science and Philosophy, vol. 6, Dordrecht: Springer.

Faye, J. (1994), "Non-Locality or Non-Separability? A Defense of Bohr's Anti-Realist Approach to Quantum Mechanics", em *Niels Bohr and Contemporary Philosophy*, ed. por Faye, J. e Folse, H. J., Boston Studies in the Philosophy of Science, vol. 153, Boston: Kluwer Academic Publishers, pp. 97–118.

Faye, J. (2019), "Copenhagen Interpretation of Quantum Mechanics", em *The Stanford Encyclopedia of Philosophy*, ed. por Zalta, E. N., Metaphysics Research Lab, Stanford University, disponível em: <https://plato.stanford.edu/archives/win2019/entries/qm-copenhagen/>; acesso: 8 de março de 2024.

Ferrari, F. M. (2021), "Process-Based Entities Are Relational Structures. From Whitehead to Structuralism", *Manuscrito*, 44(1), pp. 149–207.

Feyerabend, P. (1977), *Contra o Método*, trad. por da Mata, O. S. e Hegenberg, L., Rio de Janeiro: F. Alves, (trad. de *Against Method*, Verso, 1975).

Referências Bibliográficas

Fine, A. (1986), *The Shaky Game: Einstein, Realism and the Quantum Theory*, Chicago: University of Chicago Press.

Fine, A. (1990), "Einstein and Ensembles: Response", *Foundations of Physics*, 20(8), pp. 967–989.

Folse, H. J. (1985), *The Philosophy of Niels Bohr: The Framework of Complementarity*, Amsterdã: North-Holland.

Folse, H. J. (1994), "Bohr's Framework of Complementarity and the Realism Debate", em *Niels Bohr and Contemporary Philosophy*, ed. por Faye, J. e Folse, H. J., Boston Studies in the Philosophy of Science, vol. 153, Boston: Kluwer Academic Publishers, pp. 119–139.

Freire Jr., O. (1999), *David Bohm e a controvérsia dos quanta*, Campinas: Coleção CLE, vol. 27.

Freire Jr., O. (2005), "Science and Exile: David Bohm, the Cold War, and a New Interpretation of Quantum Mechanics", *Historical Studies in the Physical and Biological Sciences*, 36(1), pp. 1–34.

Freire Jr., O. (2015), *The Quantum Dissidents: Rebuilding the Foundations of Quantum Mechanics (1950–1990)*, Nova Iorque: Springer.

Freire Jr., O. (2019), *David Bohm: A Life Dedicated to Understanding the Quantum World*, Springer Biographies, Cham: Springer.

Freire Jr., O., Paty, M. e Barros, A. (1994), "David Bohm, sua estadia no Brasil e a teoria quântica", *Estudos avançados*, 8(20), pp. 53–82.

Freire Jr., O., Paty, M. e Barros, A. (2000), "Sobre A Recepção Do Programa Causal De David Bohm", em *Fundamentos da Física 1*, ed. por Pessoa Jr., O., São Paulo: Editora Livraria da Física, pp. 123–134.

French, S. (2002), "A phenomenological solution to the measurement problem? Husserl and the foundations of quantum mechanics", *Studies in History and Philosophy of Science*, 33(3), pp. 467–491.

French, S. (2013), "Whither wave function realism?", em *The Wave Function: Essays on the Metaphysics of Quantum Mechanics*, ed. por Ney, A. e Albert, D. Z., Oxford: Oxford University Press, pp. 76–90.

French, S. (2014), *The structure of the world: Metaphysics and representation*, Oxford: Oxford University Press.

French, S. (2018), "Toying with the Toolbox: How Metaphysics Can Still Make a Contribution", *Journal for General Philosophy of Science*, *49*, pp. 211–230.

French, S. (2019), "Defending eliminative structuralism and a whole lot more (or less)", *Studies in History and Philosophy of Science*, *74*, pp. 22–29.

French, S. (2020), "From a Lost History to a New Future: Is a Phenomenological Approach to Quantum Physics Viable?", em *Phenomenological Approaches to Physics*, ed. por Wiltsche, H. A. e Berghofer, P., Cham: Springer, pp. 205–225.

French, S. (2023), *A Phenomenological Approach to Quantum Mechanics: Cutting the Chain of Correlations*, Oxford: Oxford University Press.

French, S. e Bigaj, T. (2024), "Identity and Individuality in Quantum Theory", em *The Stanford Encyclopedia of Philosophy*, ed. por Zalta, E. N. e Nodelman, U., Metaphysics Research Lab, Stanford University, disponível em: <https://plato.stanford.edu/archives/spr2024/entries/qt-idind>; acesso: 8 de março de 2024.

French, S. e Krause, D. (2006), *Identity in physics: A historical, philosophical, and formal analysis*, Oxford: Oxford University Press.

French, S. e McKenzie, K. (2012), "Thinking outside the toolbox: Towards a more productive engagement between metaphysics and philosophy of physics", *European journal of analytic philosophy*, *8*(1), pp. 42–59.

French, S. e McKenzie, K. (2015), "Rethinking Outside the Toolbox: Reflecting Again on the Relationship between Philosophy of Science and Metaphysics", em *Metaphysics in Contemporary Physics*, ed. por Bigaj, T. e Wüthrich, C., Leiden: Brill, pp. 25–54.

French, S. e Saatsi, J. (ed.) (2020), *Scientific Realism and the Quantum*, Oxford: Oxford University Press.

REFERÊNCIAS BIBLIOGRÁFICAS

Friederich, S. (2014), *Interpreting Quantum Theory: A Therapeutic Approach*, New Directions of the Philosophy of Science, vol. 7, Londres: Palgrave Macmillan.

Gao, S. (ed.) (2022), *Consciousness and Quantum Mechanics*, Oxford: Oxford University Press.

Ghirardi, G., Rimini, A. e Weber, T. (1986), "Unified dynamics for microscopic and macroscopic systems", *Physical Review D*, 34(2), p. 470.

Gibbins, P. (1987), *Particles and Paradoxes: The limits of quantum logic*, Cambridge: Cambridge University Press.

Gobry, I. (2007), *Vocabulário Grego de Filosofia*, São Paulo: Martins Fontes.

Gödel, K. (1967), "On Formally Undecidable Propositions Of Principia Mathematica and Related Systems 1", em *From Frege To Gödel: A Source Book In Mathematical Logic, 1979–1931*, ed. e trad. por van Heijenoort, J., Cambridge: Harvard University Press, (trad. de "Über formal unentscheidbare Sätze der Principia Mathematica und verwandter Systeme I", *Monatshefte für Mathematik und Physik*, 38 (1931), pp. 173–198).

Goswami, A. (1989), "The Idealistic Interpretation of Quantum Mechanics", *Physics Essays*, 2, p. 385.

Goswami, A. (1993), *The Self-Aware Universe: How Consciousness Creates the Material World*, Nova Iorque: Penguin Putnam, (trad. por Jungmann, R. como *O Universo Autoconsciente: como a consciência cria o mundo material* (São Paulo: Editora Aleph/Goya, 2021)).

Goswami, A. (2001), *The Physicists' View of Nature – Part 2: The Quantum Revolution*, Nova Iorque: Springer.

Goswami, A. (2003), *Quantum Mechanics*, Long Grove: Waveland Press.

Gough, A. E. (1891), *The Philosophy of the Upanishads and Ancient Indian Metaphysics*, Londres: Kegan Paul.

Greaves, H. (2007), "Probability in the Everett Interpretation", *Philosophy Compass*, 2(1), pp. 109–128.

Griffin, D. (2001), *Reenchantment without Supernaturalism: A Process Philosophy of Religion*, Ithaca: Cornell University Press.

Griffin, D. (2009), "Consciousness as Subjective Form: Whitehead's Nonreductionist Naturalism", em *Process Approaches to Consciousness in Psychology, Neuroscience, and Philosophy of Mind*, ed. por Weber, M. e Weekes, A., Albany: State University of New York Press, pp. 175–200.

Griffiths, D. J. (1995), *Introduction to quantum mechanics*, Cambridge: Cambridge University Press.

Grinberg-Zylberbaum, J., Delaflor, M., Attie, L. e Goswami, A. (1994), "The Einstein-Podolsky-Rosen Paradox in the Brain: The Transferred Potential", *Phyics Essays*, 7(4), pp. 422–428.

Hall, J., Kim, C., McElroy, B. e Shimony, A. (1977), "Wave-Packet Reduction as a Medium of Communication", *Foundations of Physics*, 7(9/10), pp. 759–767.

Healey, R. (2023), "Quantum-Bayesian and Pragmatist Views of Quantum Theory", em *The Stanford Encyclopedia of Philosophy*, ed. por Zalta, E. N. e Nodelman, U., Metaphysics Research Lab, Stanford University.

Heisenberg, W. (1930), *The Physical Principles of Quantum Theory*, Chicago: University of Chicago Press.

Heisenberg, W. (1963), *Interview of Werner Heisenberg by Thomas S. Kuhn on 1963 February 15, Session V*, College Park: Niels Bohr Library & Archives, American Institute of Physics, disponível em: <https://www.aip.org/history-programs/niels-bohr-library/oral-histories/4661-5>; acesso: 8 de março de 2024.

Heisenberg, W. (1967), "Quantum Theory and its Interpretation", em *Niels Bohr: His Life and Work As Seen By His Friend and Colleagues*, ed. por Rozental, S., Amsterdã: North-Holland, pp. 94–108.

Heisenberg, W. (1983), "On The Physical Content Of Quantum Theoretical Kinematics And Mechanics", em *Quantum Theory and Measurement*, ed. e trad. por Wheeler, J. A. e Zurek, W. H., Princeton: Princeton University Press, pp. 62–84, (trad. de "Über den anschaulichen Inhalt der

Referências Bibliográficas

quantentheoretischen Kinematik und Mechanik", *Zeitschrift für Physik*, 43 (1927), pp. 172–198).

Heisenberg, W. (1985), "Ist eine deterministische Ergänzung der Quantenmechanik möglich?", em *Wissenschaftlicher Briefwechsel mit Bohr, Einstein, Heisenberg u.a. Band II: 1930–1939 / Scientific Correspondence with Bohr, Einstein, Heisenberg a.o. Volume II: 1930–1939*, ed. por von Meyenn, K., Sources in the History of Mathematics and Physical Sciences, Berlim: Springer, pp. 407–418, (trad. por Crull, E. e Bacciagaluppi, G. como "Translation of: W. Heisenberg, 'Ist eine deterministische Ergänzung der Quantenmechanik möglich?' em The Einstein Paradox: The Debate on Nonlocality and Incompleteness in 1935" (Cambridge: Cambridge University Press, 2024)).

Heisenberg, W. (1995), *Física e filosofia*, trad. por Ferreira, J. L., 3ª ed., Brasília: Editora Universidade de Brasília, (trad. de *Physics and Philosophy: The Revolution in Modern Science*, Nova Iorque: Harper e Row, 1958).

Heisenberg, W. (1996), *A Parte e o Todo: Encontros e conversas sobre física, filosofia, religião e política*, trad. por Ribeiro, V., Rio de Janeiro: Contraponto, (trad. de *Der Teil und das Ganze: Gespräche im Umkreis der Atomphysik*, Munique: Piper, 1969).

Hilgevoord, J. e Uffink, J. (2016), "The Uncertainty Principle", em *The Stanford Encyclopedia of Philosophy*, ed. por Zalta, E. N., Metaphysics Research Lab, Stanford University, disponível em: <https://plato.stanford.edu/archives/win2016/entries/qt-uncertainty/>; acesso: 8 de março de 2024.

Hofstadter, D. R. (1979), *Gödel, Escher, Bach: An Eternal Golden Braid*, Nova Iorque: Basic Books.

Hofweber, T. (2016), "Carnap's Big Idea", em *Ontology after Carnap*, ed. por Blatti, S. e Lapointe, S., Oxford: Oxford University Press, pp. 13–30.

Hofweber, T. (2023), "Logic and Ontology", em *The Stanford Encyclopedia of Philosophy*, ed. por Zalta, E. N. e Nodelman, U., Metaphysics Research Lab, Stanford University, disponível em: <https://plato.stanford.edu/archives/sum2023/entries/logic-ontology/>; acesso: 8 de março de 2024.

Home, D. e Whitaker, M. A. B. (1992), "Ensemble interpretations of quantum mechanics. A modern perspective", *Physics Reports*, 210(4), pp. 223–317.

Howard, D. A. (1985), "Einstein on Locality and Separability", *Studies in History and Philosophy of Science*, 16, pp. 171–201.

Howard, D. A. (1994), "What Makes a Classical Concept Classical? Towards a Reconstruction of Niels Bohr's Philosophy of Physics", em *Niels Bohr and Contemporary Philosophy*, ed. por Faye, J. e Folse, H. J., Boston Studies in the Philosophy of Science, vol. 153, Boston: Kluwer Academic Publishers, pp. 201–229.

Howard, D. A. (2004), "Who invented the 'Copenhagen Interpretation'? A study in mythology", *Philosophy of Science*, 71(5), pp. 669–682.

Howard, D. A. (2009), "Passion at a Distance", em *Quantum Reality, Relativistic Causality, and Closing the Epistemic Circle: Essays in Honour of Abner Shimony*, ed. por Myrvold, W. C. e Christian, J., Dordrecht: Springer, pp. 3–11.

Howard, D. A. e Giovanelli, M. (2019), "Einstein's Philosophy of Science", em *The Stanford Encyclopedia of Philosophy*, ed. por Zalta, E. N., Metaphysics Research Lab, Stanford University, disponível em: <https : //plato . stanford . edu/archives/fall2019/entries/einstein-philscience/>; acesso: 8 de março de 2024.

Hughes, R. I. G. (1989), *The structure and interpretation of quantum mechanics*, Cambridge: Harvard university press.

Huxley, A. (1947), *The Perennial Philosophy*, Toronto: Oxford University Press.

Hyde, D. e Raffman, D. (2018), "Sorites Paradox", em *The Stanford Encyclopedia of Philosophy*, ed. por Zalta, E. N., Metaphysics Research Lab, Stanford University, disponível em: <https://plato.stanford.edu/archives/sum2018/entries/sorites-paradox>; acesso: 8 de março de 2024.

Jammer, M. (1974), *The Philosophy Of Quantum Mechanics: The Interpretations Of Quantum Mechanics In Historical Perspective*, Nova Iorque: Wiley.

Katzko, M. (2009), "The Interpretation and Integration of the Literature on Consciousness from a Process Perspective", em *Process Approaches*

REFERÊNCIAS BIBLIOGRÁFICAS

to Consciousness in Psychology, Neuroscience, and Philosophy of Mind, ed. por Weber, M. e Weekes, A., Albany: State University of New York Press, pp. 201–218.

Kauark-Leite, P. M. (2012), "Causalidade e Teoria Quântica", *Scientiæ Studia*, *10*(1), pp. 165–177.

Kauark-Leite, P. M. (2022), *Teoria quântica e filosofia transcendental: diálogos possíveis*, trad. por Casa Nova, M. A. d. S., Belo Horizonte: Editora da Universidade Federal de Minas Gerais (Editora UFMG), (trad. de *Théorie quantique et philosophie transcendantale: dialogues possibles*, Paris: Hermann, 2012).

Kennard, E. H. (1927), "Zur Quantenmechanik einfacher Bewegungstypen", *Zeitschrift für Physik, 44*, pp. 326–352.

Köhler, E. (2001), "Why von Neumann Rejected Carnap's Dualism of Information Concepts", em *John von Neumann and the foundations of quantum physics*, ed. por Rédei, M. e Stöltzner, M., Springer, pp. 97–134.

Kožnjak, B. (2020), "Aristotle and Quantum Mechanics: Potentiality and Actuality, Spontaneous Events and Final Causes", *Journal for the General Philosophy of Science, 51*, pp. 459–480.

Krause, D. (2010), "¿Pueden Ser Separables Las Entidades Indiscernibles? Ensayo Sobre Posibles Consecuencias De Una Posición De Einstein Frente A La Indiscernibilidad", em *Einstein: científico y filósofo*, ed. por Guerrero Pino, G., Cáli: Editorial Universidad del Valle, pp. 125–145.

Krause, D. (2016), *Álgebra Linear com um Pouco de Mecânica Quântica*, Rumos da Epistemologia, vol. 15, Florianópolis: Núcleo de Epistemologia e Lógica (NEL), Universidade Federal de Santa Catarina (UFSC), disponível em: <http://nel.ufsc.br/rumos15.pdf>; acesso: 8 de março de 2024.

Krause, D. (2017), *Tópicos em Ontologia Analítica*, São Paulo: Fundação Editora da Universidade Estadual Paulista (Edunesp).

Krause, D. e Arenhart, J. R. B. (2016), *The Logical Foundations of Scientific Theories: Languages, Structures, and Models*, Abingdon: Routledge.

Kuhn, T. S. (2013), *A estrutura das revoluções científicas*, trad. por Boeira, B. V. e Boeira, N., 12ª ed., São Paulo: Perspectiva, (trad. de *The Structure of Scientific Revolutions*, Chicago: Chicago University Press, 1962).

Landau, L. J. (1998), "Penrose's Philosophical Error", em *Concepts for Neural Networks: a Survey*, ed. por Landau, L. J. e G., T. J., Londres: Springer, pp. 171–223.

Lehner, C. (2011), "O realismo de Einstein e sua crítica da Mecânica Quântica", em *Teoria quântica: estudos históricos e implicações culturais*, ed. por Freire Jr., O., Pessoa Jr., O. e Bromberg, J. L., trad. por da Nóbrega, M. e Pessoa Jr., O., Campina Grande/São Paulo: Editora da Universidade Estadual da Paraíba (EDUPB)/Livraria da Física, pp. 181–228, disponível em: <https://books.scielo.org/id/xwhf5>; acesso: 8 de março de 2024, (trad. de "Einstein's Realism and His Critique of Quantum Mechanics", em *The Cambridge Companion to Einstein*, ed. por Janssen, M. e Lehner, C., Cambridge Companions to Philosophy, Cambridge: Cambridge University Press, 2014, pp. 306–353).

Lewis, P. J. (2016), *Quantum Ontology: A Guide to the Metaphysics of Quantum Mechanics*, Nova Iorque: Oxford University Press.

Lewis, P. J. (2019), "Bell's Theorem, Realism, and Locality", em *Philosophers Look at Quantum Mechanics*, ed. por Cordero, A., Cham: Springer, pp. 33–43.

Lipps, T. (1907), *Psychologische Untersuchungen*, Leipzig: Engelmann.

Lockwood, M. (1989), *Mind, brain and the quantum: The compound 'I'*, Nova Jérsei: Basil Blackwell.

Lombardi, O. e Dieks, D. (2021), "Modal Interpretations of Quantum Mechanics", em *The Stanford Encyclopedia of Philosophy*, ed. por Zalta, E. N., Metaphysics Research Lab, Stanford University, disponível em: <https://plato.stanford.edu/archives/win2021/entries/qm-modal/>; acesso: 8 de março de 2024.

London, F. (1961), *Superfluids, Macroscopic Theory of Superconductivity*, Nova Iorque: Dover Publications.

REFERÊNCIAS BIBLIOGRÁFICAS

London, F. e Bauer, E. (1983), "The theory of observation in quantum mechanics", em *Quantum Theory and Measurement*, ed. por Wheeler, J. A. e Zurek, W. H., trad. por Wheeler, J. A. e Zurek, W., Princeton: Princeton University Press, pp. 217–259, (trad. de *La théorie de l'observation en mécanique quantique*, 1939).

Lovejoy, A. O. (1960), *The revolt against dualism*, Nova Iorque: Open Court Publishing Company.

Machado, S. d. S. L. (2017), *Implicações culturais da teoria quântica: caminhos metafóricos e as apropriações indébitas*, Tese (Doutorado em Educação Científica e Tecnológica), Florianópolis: Universidade Federal de Santa Catarina (UFSC), disponível em: <https://repositorio.ufsc.br/handle/123456789/186995>; acesso: 8 de março de 2024.

Malin, S. (1988), "A Whiteheadian Approach to Bell's Correlations", *Foundations of Physics*, *18*(9), pp. 1035–1044.

Malin, S. (1993), "The collapse of quantum states: A new interpretation", *Foundations of physics*, *23*(6), pp. 881–893.

Malin, S. (2001), *Nature Loves to Hide: Quantum Physics and Reality, a Western Perspective*, Nova Iorque: Oxford University Press, (trad. como *A Natureza Ama Esconder-se: A Física Quântica e a Natureza da Realidade, Uma Perspectiva Ocidental*, trad. por P., Z. L. e Dias, F. A., São Paulo: Horus, 2003).

Malin, S. (2003), "Whitehead's Philosophy and the Collapse of Quantum States", em *Physics and Whitehead: Quantum, Process, and Experience*, ed. por Eastman, T. E. e Keeton, H., Nova Iorque: State University of New York Press, pp. 74–83.

Manousakis, E. (2006), "Founding Quantum Theory on the Basis of Consciousness", *Foundations of Physics*, *36*(6), pp. 795–838.

Margenau, H. (1958), "Philosophical Problems Concerning The Meaning Of Measurement In Physics", *Philosophy of Science*, *25*, pp. 23–33.

Margenau, H. (1963), "Measurements in Quantum Mechanics", *Annals of Physics*, *23*, pp. 469–485.

Matarese, V. (2023a), "De Broglie–Bohm Theory, *Quo Vadis?*", *Foundations of Physics*, 53(18).

Matarese, V. (2023b), *The Metaphysics of Bohmian Mechanics: A Comprehensive Guide to the Different Interpretations of Bohmian Ontology*, Berlim: De Gruyter.

Maudlin, T. (1995), "Three measurement problems", *Topoi*, 14(1), pp. 7–15.

Maudlin, T. (2003), "Distilling Metaphysics from Quantum Physics", em *The Oxford Handbook of Metaphysics*, ed. por Loux, M. J. e Zimmerman, D. W., Oxford: Oxford University Press.

Messiah, A. (1961), *Quantum Mechanics, Volume I*, trad. por Temmer, G. M., Amsterdã: North-Holland.

Mohrhoff, U. (2002), "The World According to Quantum Mechanics (Or the 18 Errors of Henry P. Stapp)", *Foundations of Physics*, 32(2), pp. 217–254.

Mørch, H. H. (2019), "Is the Integrated Information Theory of Consciousness Compatible with Russellian Panpsychism?", *Erkenntnis*, 84(5), pp. 1065–1085.

Mørch, H. H. (2023), *Non-Physicalist Theories of Consciousness*, Cambridge: Cambridge University Press.

Muller, F. A. (1997a), "The Equivalence Myth of Quantum Mechanics—part I", *Studies in History and Philosophy of Science*, 28(1), pp. 35–61.

Muller, F. A. (1997b), "The Equivalence Myth of Quantum Mechanics—part II", *Studies in History and Philosophy of Science*, 28(2), pp. 219–247.

Muller, F. A. (1999), "The Equivalence Myth of Quantum Mechanics (Addendum)", *Studies in History and Philosophy of Science*, 30(4), pp. 543–545.

Muller, F. A. (2015), "Circumveiloped by Obscuritads: The nature of interpretation in quantum mechanics, hermeneutic circles and physical reality, with cameos of James Joyce and Jacques Derrida", em *Conceptual Clarifications: Tributes to Patrick Suppes (1922–2014)*, ed. por Béziau, J.-Y., Krause, D. e Arenhart, J. R. B., Rickmansworth: College Publications, pp. 107–135.

Referências Bibliográficas

Muller, F. A. (2023), "Six Measurement Problems of Quantum Mechanics", em *Non-Reflexive Logics, Non-Individuals, and the Philosophy of Quantum Mechanics: Essays in Honour of the Philosophy of Krause, Décio*, ed. por Arenhart, J. R. B. e Arroyo, R., Synthese Library, vol. 476, 476, Springer, pp. 225–259.

Murdoch, D. (1994), "The Bohr–Einstein Dispute", em *Niels Bohr and Contemporary Philosophy*, ed. por Faye, J. e Folse, H. J., Boston Studies in the Philosophy of Science, vol. 153, Boston: Kluwer Academic Publishers, pp. 303–324.

Murr, C. E. (2014), *A Realidade Através Do Espelho: Schrödinger E Russell No País Da Objetivação*, Tese (Doutorado em Filosofia), Florianópolis: Universidade Federal de Santa Catarina (UFSC), disponível em: <https://repositorio.ufsc.br/xmlui/handle/123456789/129077>; acesso: 8 de março de 2024.

Nobo, J. L. (2003), "Whitehead and the Quantum Experience", em *Physics and Whitehead: Quantum, Process, and Experience*, ed. por Eastman, T. E. e Keeton, H., Nova Iorque: State University of New York Press, pp. 223–257.

Norsen, T. (2017), *Foundations of Quantum Mechanics: An Exploration of the Physical Meaning of Quantum Theory*, Cham: Springer.

Okon, E. e Sebastián, M. Á. (2022), "The Subjective-Objective Collapse Model: Virtues and Challenges", em *Consciousness and Quantum Mechanics*, ed. por Gao, S., Oxford: Oxford University Press, pp. 64–82.

Pangle, T. L. (2014), "On Heisenberg's Key Statements Concerning Ontology", *Review of Metaphysics*, 67(4), pp. 835–859.

Park, J. L. (1973), "The Self-contradictory Foundations of Formalistic Quantum Measurement Theories", *International Journal of Theoretical Physics*, 8, pp. 211–218.

Paty, M. (1995), *Matéria Roubada: A apropriação crítica do objeto da física contemporânea*, São Paulo: Editora da Universidade de São Paulo (Edusp).

Penrose, R. (1989), *The Emperor's New Mind: Concerning Computers, Minds, And The Laws Of Phyisics*, Oxford: Oxford University Press.

Penrose, R. (1994), *Shadows of the Mind: A Search for the Missing Science of Consciousness*, Oxford: Oxford University Press.

Pereira, M. H. d. R. (1990), Introdução, em Platão (1990), v–lii.

Pessoa Jr., O. (1992), "O Problema Da Medição Em Mecânica Quântica: Um Exame Atualizado", *Cadernos de História e Filosofia da Ciência*, 2(2), pp. 177–217.

Pessoa Jr., O. (2011), "O fenômeno cultural do misticismo quântico", em *Teoria quântica: estudos históricos e implicações culturais*, ed. por Freire Jr., O., Pessoa Jr., O. e Bromberg, J. L., Campina Grande/São Paulo: Editora da Universidade Estadual da Paraíba (EDUPB)/Livraria da Física, pp. 281–302, disponível em: <https://books.scielo.org/id/xwhf5>; acesso: 8 de março de 2024.

Pessoa Jr., O. (2016), *Orientação bibliográfica para o estudo da filosofia da física quântica*, disponível em: <https://opessoa.fflch.usp.br/textos>; acesso: 8 de março de 2024.

Pessoa Jr., O. (2019a), *Conceitos De Física Quântica, Volume I*, 4ª ed., São Paulo: Livraria da Física.

Pessoa Jr., O. (2019b), *Conceitos De Física Quântica, Volume II*, 4ª ed., São Paulo: Livraria da Física.

Pessoa Jr., O. (2022), "The Measurement Problem", em *The Oxford Handbook of the History of Quantum Interpretations*, ed. por Freire Jr., O., Oxford: Oxford University Press, pp. 281–302.

Pfänder, A. (1904), *Einführung in die Psychologie*, Leipzig: Barth.

Platão (1990), *A República*, trad. por Pereira, M. H. d. R., 6ª ed., Lisboa: Fundação Calouste Gulbenkian.

Popper, K. R. (1967), "Quantum Mechanics Without 'The Observer'", em *Quantum Mechanics and Reality*, ed. por Bunge, M. A., Nova Iorque: Springer, pp. 1–12.

Popper, K. R. (1974), "Replies To My Critics", em *The Philosophy of Karl Popper, Volume II*, ed. por Schilpp, P. A., Library of Living Philosophers, La Salle: Open Court, pp. 961–1197.

Poser, H. (1992), "The Notion Of Consciousness In Schrödinger's Philosophy Of Nature", em *Erwin Schrödinger's World View: The Dynamics Of Knowledge And Reality*, ed. por Götschl, J., Kluwer Academic Publishers, pp. 153–168.

Preston, J. (2008), *Kuhn's The Structure of Scientific Revolutions: a Reader's Guide*, Londres: Continuum.

Putnam, H. (2005), "A Philosopher Looks at Quantum Mechanics (Again)", *The British Journal for the Philosophy of Science*, 56(4), pp. 615–634.

Putnam, H. (2012), "Quantum Mechanics and Ontology", em *Analysis and Interpretation in the Exact Sciences: Essays in Honour of William Demopoulos*, ed. por Frappier, M., Brown, D. H. e DiSalle, R., The Western Ontario Series in Philosophy of Science, Dordrecht: Springer, pp. 179–189.

Quine, W. v. O. (1966), *The Ways Of Paradox And Other Essays*, Nova Iorque: Random House.

Radhakrishnan, S. (1914), "The Vedanta Philosophy and the Doctrine of Maya", *International Journal of Ethics*, 24(4), pp. 431–451.

Radin, D. (1997), *The conscious universe: The scientific truth of psychic phenomena*, Nova Iorque: HarperEdge.

Radin, D. (2023), *Mentes interligadas: Evidências científicas da telepatia, da clarividência e de outros fenômenos psíquicos*, trad. por Lagos, W., 3ª ed., São Paulo: Editora Aleph/Goya, (trad. de *Entangled minds: extrasensory experiences in a quantum reality*, Nova Iorque: Paraview/Pocket Books, 2006).

Redhead, M. (1987), *Incompleteness, Nonlocality, And Realism: A Prolegomenon To The Philosophy Of Quantum Mechanics*, Oxford: Clarendon Press.

Reichenbach, H. (1944), *Philosophic Foundations of Quantum Mechanics*, Berkeley: University of California Press.

Ross-Boney, A. A. (1974), "Does God Play Dice? A Discussion Of Some Interpretations Of Quantum Mechanics", *American Journal of Physics*.

Ruetsche, L. (2015), "The Shaky Game+ 25, or: On locavoracity", *Synthese*, 192(11), pp. 3425–3442.

Ruetsche, L. (2018), "Getting Real About Quantum Mechanics", em *The Routledge Handbook of Scientific Realism*, ed. por Saatsi, J., Nova Iorque: Routledge, pp. 291–303.

Russell, B. (1974), "Da Denotação", em *Lógica e Conhecimento (Ensaios Escolhidos)*, trad. por Mariconda, P. R., Coleção "Os Pensadores", vol. 42: Russell e Moore, São Paulo: Abril Cultural, pp. 9–20, (trad. de "II.—On Denoting", *Mind*, 14(56) (1905), pp. 479–493).

Saunders, S. (1998), "Time, Quantum Mechanics and Probability", *Synthese*, 114, pp. 373–404.

Saunders, S. (2010), "Many Worlds? An Introduction", em *Many Worlds? Everett, Quantum Theory, and Reality*, ed. por Saunders, S., Barrett, J., Kent, A. e Wallace, D., Oxford: Oxford University Press.

Schiff, L. I. (1949), *Quantum Mechanics*, Nova Iorque: McGraw-Hill.

Schlosshauer, M., Kofler, J. e Zeilinger, A. (2013), "A snapshot of foundational attitudes toward quantum mechanics", *Studies in History and Philosophy of Modern Physics*, 44, pp. 222–230.

Schrödinger, E. (1964), *My View of the World*, trad. por Hastings, C., Cambridge: Cambridge University Press, (trad. de *Mein Leben meine Weltansicht*, Viena: Paul Zsolnay, 1961).

Schrödinger, E. (1983), "The Present Situation in Quantum Mechanics", em *Quantum Theory and Measurement*, ed. e trad. por Wheeler, J. A. e Zurek, W. H., Princeton: Princeton University Press, pp. 152–167, (trad. de "Die gegenwärtige Situation in der Quantenmechanik", *Naturwissenschaften*, 23 (1935), pp. 807–812).

Schrödinger, E. (1997), *"O que é vida? O aspecto físico da célula viva" seguido de "Mente e matéria" e "Fragmentos autobiográficos"*, trad. por Assis, J. d. e Assis, V. Y. K. d., São Paulo: Fundação Editora da Universidade Estadual Paulista (Edunesp), (trad. de "What is life? The Physical Aspect of the Living Cell", em, *What is life? with Mind and Matter and Autobiographical Sketches*, Cambridge: Cambridge University Press, 1967).

Referências Bibliográficas

Sebens, C. T. e Carroll, S. (2018), "Self-locating Uncertainty and the Origin of Probability in Everettian Quantum Mechanics", *The British Journal for the Philosophy of Science*, 69, pp. 25–74.

Shimony, A. (1963), "Role of the observer in quantum theory", *American Journal of Physics*, 31(10), pp. 755–773.

Shimony, A. (1964), "Quantum physics and the philosophy of Whitehead", em *Philosophy in America*, ed. por Black, M., Ithaca: Cornell University Press, pp. 240–261.

Shimony, A. (1984), "Contextual hidden variables theories and Bell's inequalities", *The British Journal for the Philosophy of Science*, 35(1), pp. 25–45.

Shimony, A. e Malin, S. (2006), "Dialogue Abner Shimony–Shimon Malin", *Quantum Information Processing*, 5(4), pp. 261–276.

Shimony, A. e Smolin, L. (2009), "Bistro Banter: A Dialogue with Abner Shimony and Lee Smolin", em *Quantum Reality, Relativistic Causality, and Closing the Epistemic Circle Essays in Honour of Abner Shimony*, ed. por Myrvold, W. C. e Christian, J., Nova Iorque: Springer, pp. 445–477.

Skrbina, D. (2017), *Panpsychism in the West (revised edition)*, Cambridge: The MIT Press.

Smith, Q. (2003), "Why Cognitive Scientists Cannot Ignore Quantum Mechanics", em *Consciousness: New Philosophical Perspectives*, ed. por Jokic, A., Nova Iorque: Oxford University Press, pp. 409–446.

Solé, A. (2012), "Muchos mundos bohmianos", *Scientiæ Studia*, 10(1), pp. 105–136.

Squires, E. J. (1991), "One mind or many: A Note on the Everett Interpretation of Quantum Theory", *Synthese*, 89(2), pp. 283–286.

Squires, E. J. (1993), "Quantum Theory and the Relation between the Conscious Mind and the Physical World", *Synthese*, 97(1), pp. 109–123.

Stapp, H. (1979), "Whiteheadian Approach to Quantum Theory and the Generalized Bell's Theorem", *Foundations of Physics*, 9(9-10), pp. 1–25.

Stapp, H. (1982), "Mind, matter, and quantum mechanics", *Foundations of Physics*, 12(4), pp. 363–399.

Stapp, H. (2002), "The 18-Fold Way", *Foundations of Physics*, 32(2), pp. 255–266.

Stapp, H. (2006), "Quantum Interactive Dualism: An alternative to materialism", *Zygon: Journal of Religion and Science*, 41(3), pp. 599–616.

Stapp, H. (2007), "Whitehead, James, and the Ontology of Quantum Theory", *Mind & Matter*, 5(1), pp. 83–109.

Stöltzner, M. (2001), "Opportunistic axiomatics — von Neumann on the methodology of mathematical physics", em *John von Neumann and the foundations of quantum physics*, ed. por Rédei, M. e Stöltzner, M., Vienna Circle Institute Yearbook, vol. 8, Springer, pp. 35–62.

Susskind, L. e Friedman, A. (2014), *Quantum mechanics: The theoretical minimum*, Nova Iorque: Basic Books.

Szilárd, L. (1983), "On The Decrease Of Entropy In A Thermodynamic System By The Intervention Of Intelligent Beings", em *Quantum Theory and Measurement*, ed. por Wheeler, J. A. e Zurek, W. H., Princeton: Princeton University Press, pp. 301–310.

Tahko, T. E. (2015), *An introduction to metametaphysics*, Cambridge: Cambridge University Press.

Tarski, A. (1956), "The concept of truth in formalized languages", *Logic, semantics, metamathematics*, 2, pp. 152–278.

Thomson-Jones, M. (2017), "Against Bracketing and Complacency: Metaphysics and the Methodology of the Sciences", em *In Metaphysics in the Philosophy of Science: New Essays*, ed. por Slater, M. H. e Yudell, Z., Oxford: Oxford University Press, pp. 229–250.

Tononi, G. (2004), "An information integration theory of consciousness", *BMC Neuroscience*, 5(42).

Tononi, G., Boly, M., Massimini, M. e Koch, C. (2016), "Integrated information theory: from consciousness to its physical substrate", *Nature Reviews Neuroscience*, 17, pp. 450–461.

Referências Bibliográficas

Tononi, G. e Koch, C. (2015), "Consciousness: here, there and everywhere?", *Philosophical Transactions of the Royal Society B: Biological Sciences*, 370(1668), p. 20140167.

Torza, A. (2022), "Derivative Metaphysical Indeterminacy and Quantum Physics", em *Quantum Mechanics and Fundamentality: Naturalizing Quantum Theory between Scientific Realism and Ontological Indeterminacy*, ed. por Allori, V., Cham: Springer, pp. 337–350.

van Fraassen, B. C. (1980), *The scientific image*, Oxford: Oxford University Press.

van Fraassen, B. C. (1991), *Quantum mechanics: An Empiricist View*, Oxford: Oxford University Press.

von Neumann, J. (1955), *Mathematical Foundations of Quantum Mechanics*, trad. por Beyer, R., Princeton: Princeton University Press, (trad. de *Mathematische Grundlagen der Quantenmechanike*, Berlim: Springer, 1932).

Wackermann, J., Seiter, C., Keibel, H. e Walach, H. (2003), "Correlations between brain electrical activities of two spatially separated human subjects", *Neuroscience Letters*, 336(1), pp. 60–64.

Wallace, D. (2012), *The emergent multiverse: Quantum theory according to the Everett interpretation*, Oxford: Oxford University Press.

Weber, M. e Weekes, A. (2009), "Whitehead as a Neglected Figure of Twentieth-Century Philosophy", em *Process Approaches to Consciousness in Psychology, Neuroscience, and Philosophy of Mind*, ed. por Weber, M. e Weekes, A., Albany: State University of New York Press, pp. 57–72.

Weekes, A. (2009), "Consciousness and Causation in Whitehead's Phenomenology of Becoming", em *Process Approaches to Consciousness in Psychology, Neuroscience, and Philosophy of Mind*, ed. por Weber, M. e Weekes, A., Albany: State University of New York Press, pp. 407–461.

Weekes, A. (2012), "The Mind-Body Problem and Whitehead's Nonreductive Monism", *Journal of Consciousness Studies*, 19(9-10), pp. 40–66.

Whitehead, A. N. (1919), *An Enquiry Concerning the Principles of Natural Knowledge*, Cambridge: Cambridge University Press.

CONSCIÊNCIA E MECÂNICA QUÂNTICA

Whitehead, A. N. (1928), *Process And Reality: An Essay In Cosmology*, Nova Iorque: Free Press, (trad. como *Processo e Realidade: Ensaio de Cosmologia*, trad. por Teixeira, M. T., Lisboa: Centro de Filosofia da Universidade de Lisboa, 2010).

Wigner, E. (1983), "Remarks On The Mind-Body Question", em *Quantum Theory and Measurement*, ed. por Wheeler, J. A. e Zurek, W. H., Princeton: Princeton University Press, pp. 168–181, (reimpr. de "Remarks on the Mind-Body Question", em *The Scientist Speculates*, ed. por Good, I. J., Heineman, 1961).

Wilber, K. (2010), *The Spectrum of Consciousness*, trad. por Cajado, O. M., 7ª ed., São Paulo: Cultrix, (trad. de *The Spectrum of Consciousness*, Wheaton: Quest Books, 1997).

Wilson, A. (2013), "Objective probability in Everettian quantum mechanics", *British Journal for the Philosophy of Science*, 64(4), pp. 709–737.

Wilson, A. (2020), *The Nature of Contingency: Quantum Physics as Modal Realism*, Oxford: Oxford University Press.

Zahn, J. (1702), *Oculus Artificialis Teledioptricus Sive Telescopium*, Wurtzburgo: Norimbergæ.

Zeh, H. (2000), "The Problem Of Conscious Observation In Quantum Mechanical Description", *Foundations of Physics*, 13(1), pp. 221–233.

Índice Remissivo

Albert, David Z., 123, 131, 132, 134, 157, 162, 170, 176, 179, 187

Allori, Valia, 179

Andreoletti, Giacomo, 96

Anscombe, Gertrude Elizabeth Margaret, 174, 175

Arenhart, Jonas R. Becker, XIII, 31, 34, 66, 70, 71, 77, 114, 117, 120, 133–135, 151, 153, 157, 181, 184, 186–188, 198

Aristóteles, 34, 165

Armstrong, David M., 95, 99

Arroyo, Raoni, 66

Aspect, Alain, 96, 151

Attie, L., 152

Bacciagaluppi, Guido, 109

Ballentine, Leslie E., 158, 160

Barrett, Jeffrey A., 123, 163, 167, 168, 170, 179

Barros, Alberto, 162

Bass, Ludvik, 136, 140–143, 146, 148, 180

Bauer, Edmond, 124–127, 132, 180

Becher, Erich, 124

Becker, Adam, 26, 153, 154, 162

Becker, Lon, 123

Belinfante, Frederik, 160, 175

Bell, John Stewart, 96, 164, 170, 178

  teorema de Bell, 96, 99, 102, 151

Beller, Mara, 27, 89

Berto, Francesco, 184

Bertotti, Bruno, 136, 137, 139, 140

Bevers, Brett, 168

Bigaj, Tomasz, 96

Birkhoff, Garrett, 69

Bitbol, Michel, 136

Bohm, David, 73, 75, 157, 161–165, 167, 181

Bohr, Niels, 26, 27, 40–63, 65, 70–72, 77–80, 85–94, 103, 105, 143, 166
    princípio da complementaridade, 26, 40–47, 51, 53, 55–57, 62, 70, 71, 91, 93
    princípio da correspondência, 52, 89, 90, 93, 105
Bokulich, Alisa, 90
Bokulich, Peter, 90
Boly, Melanie, 195
Breuer, Thomas, 118, 121–123
Bueno, Otávio, 69, 123, 133
Bunge, Mario, 160
Burgers, J. M., 190
Busch, Paul, 205
Byrne, Peter, 168

Camilleri, Kristian, 58, 61
Campbell, Norman R., 106
Carroll, Sean, 173
Cassidy, David C., 30
Cattaneo, Gianpiero, 69
Chakravartty, Anjan, 133, 155, 156
Chalmers, David, 187, 195, 196, 200
Chang, Hasok, 31
Chen, Eddy Keming, 96–100
Chibeni, Silvio, 32, 34, 59, 78, 81
Church, Alonzo, 77

Clauser, John F., 96, 151
Cohen, Robert S., 136, 138, 139
Cohen-Tannoudji, Claude, 26
Conger, George P., 137, 144
Conroy, Christina, 168
Cushing, James T., 66, 67, 162, 163, 165

d'Espagnat, Bernard, 26, 53, 61, 114, 164, 175
Dalla Chiara, Maria Luisa, 69
Davidson, Donald, 68
da Costa, Newton C. A, 27, 56, 69, 70
da Silva, Gilson Olegario, XIV, 32, 34, 66
Delaflor, M., 152
Dennett, Daniel, 200
Deutsch, David, 173
de Barros, José Acácio, 113, 154, 158, 183, 187–189, 196
de Regt, Henk W., 31
de Ronde, Christian, 31, 120, 157, 190
de Souza Cruz, Frederico Firmo, 113, 150
DeWitt, Bryce S., 168–170
Dicke, Robert H., 26
Dieks, Dennis, 157
Diu, Bernard, 26
Dodsworth, Alexey, 167
dualidade onda-partícula, 58, 59

dualismo, 135, 145, 148, 149, 184, 185, 188, 196–200

Dunne, Brenda J., 151

Dürr, Detlef, 171, 177, 194

Eastman, Timothy E., 149, 198

Einstein, Albert, 38, 47, 59, 62, 63, 65, 71–74, 77, 78, 80–89, 94, 97, 99, 102, 103, 120, 121, 159, 161, 162

    argumento EPR, 72–77, 80, 81, 96–99

    Resposta de Bohr, 77, 78

Emery, Nina, 179

Epperson, Michael, 149, 190

Esfeld, Michael, 179

Everett, Hugh, 123, 157, 167–170, 172, 175, 176, 181

    muitos mundos, 167, 168, 170–176, 186, 194

Favrholdt, David, 50

Faye, Jan, 40, 49, 50, 52, 57, 90–93

Ferrari, Francesco Maria, 190

Feyerabend, Paul, 175

Fine, Arthur, 81, 82, 89, 159, 160, 227

Folse, Henry J., 57, 61, 72, 90–92

Freire Jr., Olival, 157, 162–165

French, Steven, 67, 96, 126, 128, 133, 155, 186

Friederich, Simon, 21, 27

Friedman, Art, 203, 210

Gao, Shan, 183, 189

Ghirardi, GianCarlo, 157, 177

Gibbins, Peter, 20, 106, 108, 110, 160

Giovanelli, Marco, 47

Giuntini, Roberto, 69

Gobry, Ivan, 148

Goswami, Amit, 114, 136, 144–149, 151, 152, 180

Gough, Archibald E., 137

Greaves, Hilary, 173

Griffin, David, 189, 199

Griffiths, David J., 20, 206

Grinberg-Zylberbaum, Jacobo, 151, 152

Gödel, Kurt, 121, 146

    teoremas da incompletude, *veja também* metalinguagem e metametalinguagem

Hall, Joseph, 187

Healey, Richard, 157

Heisenberg, Werner, 26–42, 58–61, 69, 71, 88, 94, 128, 144, 166, 190, 191, 193

    microscópio de, 32

    princípio da incerteza, 26–30, 34, 35

    princípio da indeterminação, 26, 29, 39, 40, 71, 75, 77, 109

Hiley, Basil J, 164, 165

Hilgevoord, Jan, 28–31, 33, 34, 37, 43, 44
Hofstadter, Douglas R., 146
Hofweber, Thomas, 68, 71
Holik, Federico, 158
Home, Dipankar, 159, 160, 205
Howard, Don A., 26, 46, 47, 51, 53, 87, 194
Hughes, Richard I. G., 20, 205, 208
Huxley, Aldous, 139
Hyde, Dominic, 95

interpretação da consciência
causal, 113, 127, 133, 134, 149, 150, 153, 154, 183–188, 193, 195, 198, 200, 201
mística, 149, 150, 153, 184

Jahn, Robert G., 151
Jammer, Max, 26, 27, 36–40, 43, 44, 46, 54, 55, 58, 59, 62, 72–74, 105–109, 117, 124–126, 129, 132, 157, 158, 161, 166, 170, 172, 175, 204, 206

Katzko, Michael, 200
Kauark-Leite, Patrícia M., 43
Keeton, Hank, 149, 198
Keibel, Holger, 153
Kennard, Earle Hesse, 28

Kim, Christopher, 187
Koch, Christof, 195
Kofler, Johannes, 184, 185
Kožnjak, Boris, 34
Krause, Décio, XIII, 43, 47, 56, 69, 70, 77, 96, 119, 120, 158, 203, 207
Kuhn, Thomas S., 66
entrevista com Heisenberg, *veja também* Heisenberg, Werner
Köhler, Eckehart, 135

Lahti, Pekka J., 205
Laloë, Franck, 26
Landau, Lawrence J., 198
Lazarovici, Dustin, 171, 177, 194
Lehner, Christoph, 74
Lewis, Peter J., 95, 102, 177, 178, 187
Lipps, Theodor, 124
Lockwood, Michael, 176
Loewer, Barry, 176
Lombardi, Olimpia, 157
London, Fritz, 124–127, 132, 180
Lovejoy, Arthur O., 199

Machado, Sandro da Silva
Livramento, 113, 150
Malin, Shimon, 185, 187, 190–193, 198
Manousakis, Efstratios, 149
Margenau, Henry, 157, 165

Massimini, Marcello, 195
Massri, César, 157
Matarese, Vera, 161
Maudlin, Tim, 66, 112, 172, 178
Messiah, Albert, 26
metalinguagem e
metametalinguagem,
77, 121
Mittelstaedt, Peter, 205
Mohrhoff, Ulrich, 198, 199
monismo, 133, 134, 137, 143–145,
148, 196, 199, 200
Montemayor, Carlos, 183, 189,
196
Moreira dos Santos, Frederik,
XIV, 23
Muller, F. A., 66, 108, 113
Murdoch, Dugald, 77, 79, 83, 84,
86, 88, 89, 92
Murr, Caroline E., XIII, 136, 139,
140
McElroy, Brien, 187
McKenzie, Kerry, 186
McQueen, Kelvin, 195, 196
Mørch, Hedda Hassel, 196

Nobo, Jorge L., 194, 199
Norsen, Travis, 162
Nunes Filho, Lauro de Matos,
XIV, 23, 126

Oas, Gary, 113, 154, 187, 188
Okon, Elias, 196

ontologia
comprometimento
ontológico, 47, 52, 62,
68, 70, 90, 92, 123, 126,
136, 184
e metafísica, 71, 133, 134, 184
naturalizada, 68, 70–72,
78–80, 114, 159, 184
tradicional, 68–72, 74, 77, 79,
80, 135, 143, 159

Pangle, Thomas L., 34
Paoli, Francesco, 69
Park, James L., 160
Paty, Michel, 162, 203, 204
Penrose, Roger, 130, 146, 198
Pereira, Maria Helena da Rocha,
147
Pessoa Jr., Osvaldo, IX, 29, 32, 37,
59, 62, 111–113, 150, 157,
178–180, 210
Pessoa Jr., Osvaldo, VII, VIII, XIII
Pfänder, Alexander, 124
Platão, 147, 148, 240
Plebani, Matteo, 184
Podolsky, Boris, 72–74, 77, 97, 99
Popper, Karl R., 29, 183
Poser, Hans, 139, 140
Preston, John, 66
Putnam, Hilary, 118, 159

Quine, Willard van O., 68, 69

Radhakrishnan, Sarvepalli, 138

Radin, Dean, 151
Raffman, Diana, 95
realismo científico, 57, 71, 80,
    133, 155, 165
realismo metafísico, 80, 90, 92
Redhead, Michael, 39, 205, 206,
    212
Reichenbach, Hans, 29
Rimini, Alberto, 157, 177
Rosen, Nathan, 72–74, 77, 97, 99
Ross-Boney, Ann A., 160
Ruetsche, Laura, 67
Russell, Bertrand, 68

Saatsi, Juha, 155
Saunders, Simon, 173, 176
Schiff, Leonard I., 26
Schlosshauer, Maximilian, 184,
    185
Schrödinger, Erwin, 73, 82, 110,
    111, 118–120, 130,
    136–140, 142, 146, 148,
    160, 180
    Equação de Schrödinger,
        110, 111, 153, 163, 169,
        171, 172, 177, 178, 209,
        210, 212
    paradoxo do gato, 82,
        118–121, 130, 131, 146,
        150, 160, 161, 170, 172,
        173, 193, 210
Sebastián, Miguel Ángel, 196
Sebens, Charles T., 173

Seiter, Christian, 153
Shimony, Abner, 125, 126, 151,
    185, 187, 189–193, 197,
    199
    metafísica experimental, 151
Skrbina, David, 196
Smith, Quentin, 134
Smolin, Lee, 197
Solé, Albert, 161
Squires, Euan J., 176
Stapp, Henry, 123, 135, 149, 190,
    193, 198, 200
Stöltzner, Michael, 135
Susskind, Leonard, 203, 210
Sversutti, William Davidans,
    XIV, 23
Szilárd, Leó, 117

Tahko, Tuomas E., 71
Tarski, Alfred, 121
Thomson-Jones, Martin, 71
Tononi, Giulio, 195
Torza, Alessandro, 96

Uffink, Jos, 28–31, 33, 34, 37, 43,
    44

van Fraassen, Bas C., 67, 155, 171
Vervoort, Louis, 96
von Neumann, John, 69, 94, 106,
    109–111, 114, 117, 118,
    120–127, 129, 131, 135,
    141, 144, 158, 167, 180,
    204

ÍNDICE REMISSIVO

Wackermann, Jikoří, 152, 153

Walach, Harald, 153

Wallace, David, 168, 169, 173

Weber, Michel, 189

Weber, Tullio, 157, 177

Weekes, Anderson, 185, 189, 199, 200

Whitaker, Martin Andrew B., 159, 160, 205

Whitehead, Alfred N., 144, 149, 185, 186, 189, 190, 192, 193, 197

Wigner, Eugene, 127–136, 140, 141, 145, 146, 176, 180, 185

amigo de Wigner, paradoxo do, 127, 131, 136, 145

Wilber, Ken, 140

Wilson, Alastair, 174, 186

Wittke, James P., 26

Zahn, Johann, 19

Zeh, Hans-Dieter, 176

Zeilinger, Anton, 96, 151, 184, 185